华为信息与网络技术学院指定教材

大数据原理与技术

黄史浩 / 编著

人民邮电出版社

北京

图书在版编目（CIP）数据

大数据原理与技术 / 黄史浩编著. -- 北京：人民邮电出版社，2018.1（2022.8重印）
（ICT认证系列丛书）
ISBN 978-7-115-45871-1

Ⅰ．①大… Ⅱ．①黄… Ⅲ．①数据处理－教材 Ⅳ．①TP274

中国版本图书馆CIP数据核字(2017)第279983号

内 容 提 要

本书是华为ICT学院大数据技术官方教材，旨在帮助学生进一步学习大数据的基本概念、技术原理，以及大数据平台的搭建和使用。

本书从大数据的概念和特征开始讲起，首先让读者对大数据有一个感性的认识；接下来结合大数据平台的各个功能模块，详细介绍大数据的存储、处理、分析、可视化等原理和操作；最后对大数据在各种行业中的应用加以叙述，让读者更加充分地感受到大数据应用的价值。

除华为ICT学院的学生之外，本书同样适合正在备考HCNA-Big Data认证，或者正在参加HCNA-Big Data技术培训的学员进行阅读和参考。其他有志进入ICT行业的人员和大数据技术爱好者也可以通过阅读本书，加深自己对大数据技术的理解。

◆ 编　著　黄史浩
　　责任编辑　李　静
　　责任印制　彭志环

◆ 人民邮电出版社出版发行　北京市丰台区成寿寺路11号
　　邮编　100164　电子邮件　315@ptpress.com.cn
　　网址　https://www.ptpress.com.cn
　　北京盛通印刷股份有限公司印刷

◆ 开本：787×1092　1/16
　　印张：17　　　　　　　　　　2018年1月第1版
　　字数：410千字　　　　　　　2022年8月北京第28次印刷

定价：69.00元

读者服务热线：(010)81055493　印装质量热线：(010)81055316
反盗版热线：(010)81055315

序

  物联网、云计算、大数据、人工智能等新技术的兴起，推动着社会的数字化演进。全球正在从"人人互联"，发展至"万物互联"，未来二三十年，人类社会将演变成以"万物感知、万物互联、万物智能"为特征的智能社会。

  新兴技术快速渗透并推动企业加速数字化转型，企业业务应用系统趋于横向贯通，数据趋于融合互联，ICT 正在成为企业新一代公共基础设施和创新引擎，成为企业的核心生产系统。据华为 GIV（全球 ICT 产业愿景）预测，到 2025 年，全球的连接数将达到 1000 亿，85%的企业应用上云，100%的企业会连接云服务，工业智能的普及率将超过 20%。数字化发展为各行业带来的纵深影响远超出想象。

  作为企业数字化转型中的关键使能者，ICT 人才将站在更新的高度，以更为全局的视角审视整个行业，并依靠新思想、新技术驱动行业发展。因此，企业对于融合型 ICT 人才需求也更为迫切。未来 5 年，华为所领导的全球 ICT 产业生态系统对人才的需求将超过 80 万。华为积累了 20 余年的 ICT 人才培养经验，对 ICT 行业发展现状及趋势有着深刻的理解。面对数字化转型背景下的企业 ICT 人才短缺，华为致力于构建良性的 ICT 人才生态。2013 年，华为开始与高校合作，共同制定 ICT 人才培养计划，设立华为信息与网络技术学院（简称华为 ICT 学院），依据企业对 ICT 人才的新需求，将物联网、云计算、大数据等新技术和最佳实践经验融入到课程与教学中。华为希望通过校企合作，让大学生在校园内就能掌握新技术，并积累实践经验，促使他们快速成长为有应用能力、会复合创新、能动态成长的融合型人才。

  教材是知识传递、人才培养的重要载体，华为聚合技术专家、高校教师倾心打造 ICT 学院系列精品教材，希望帮助大学生快速完成知识积累，奠定坚实的理论基础，助力同学们更好地开启 ICT 职业道路，奔向更美好的未来。

  亲爱的同学们，面对新时代对 ICT 人才的呼唤，请抓住历史机遇，拥抱精彩的 ICT 时代，书写未来职业的光荣与梦想吧！华为，将始终与你同行！

前 言

随着技术的发展，数据的产生、传输和存储变得越来越容易。人类社会产生的信息也越来越多地被数据化。这些海量、详尽的数据让人们可以更客观、全面地探索和研究世界。数据已经成为一种重要的生产要素。大小超出了典型数据库软件的采集、存储、管理和分析等能力的数据集被称为大数据，大数据有海量的数据（Volume）、快速的数据处理（Velocity）、多样的数据类型（Variety）和低价值密度（Value）四大特征，统称"4V"。大数据蕴藏着巨大的价值，对大数据的运用和价值挖掘会给社会和企业带来新的机遇和变革。

本书主要内容

第1章 大数据概述

人类社会产生的数据与日俱增，涉及社会的方方面面。数据已经成为一种重要的生产要素，这些海量的数据被称为"大数据"。大数据蕴藏着巨大的价值，对大数据的运用和价值挖掘会给社会和企业带来新的机遇和变革。本章讲述了大数据的基本概念、关键技术及其产业模式。

第2章 Hadoop大数据处理平台

目前大数据标准开源软件为Hadoop。Hadoop是Apache基金会开发的分布式计算平台。它可以在大规模计算机集群中提供海量数据的处理能力。由于其良好的性能，Hadoop大数据处理平台在大数据企业中应用广泛。本章对Hadoop大数据处理平台做了详细介绍。

第3章 大数据存储技术（HDFS）

Hadoop分布式文件系统（Hadoop Distributed File System，HDFS）是Hadoop的两大核心之一。它是使用Java实现的、分布式的、可横向扩展的分布式文件系统，是对谷歌分布式文件系统（Google File System，GFS）的开源实现。本章对HDFS做了详细介绍。

第4章 大数据离线计算框架（MapReduce&YARN）

Hadoop另一个核心组件是MapReduce。Hadoop MapReduce能在由大量的普通配置的计算机组成的集群上处理超大数据集，具有易于编程、扩展性高和容错性高的特点。

除了两大核心 HDFS 和 MapReduce 之外，Hadoop 还有其他组件为其提供丰富的功能。

Hadoop 中的资源管理调度系统被称为 YARN（Yet Another Resource Negotiator，另一种资源协调者）。它是一个通用的资源管理模块，可以为上层应用提供统一的资源管理和调度。本书第 4 章对 MapReduce 和 YARN 做了详细介绍。

第 5 章　大数据数据库（HBase）

Hadoop 中除了基本的文件系统，还提供数据库和数据仓库，方便用户对数据进行处理。

Hadoop 中使用的数据库为 HBase。HBase 是基于谷歌 Bigtable 开发的开源分布式数据库，具有高可靠、高性能、高伸缩、面向列等特点。HBase 运行在 HDFS 上。它主要用来存储非结构化和半结构化数据。第 5 章对 HBase 做了详细介绍。

第 6 章　大数据数据仓库（Hive）

Hive 是基于 Hadoop 的数据仓库软件。它可以用来进行数据提取转化加载（ETL），在 Hadoop 中存储、查询和分析大规模数据。本书第 6 章对 Hive 做了详细介绍。

第 7 章　大数据数据转换（Sqoop 与 Loader）

为了方便外界存储与 Hadoop 平台之间的数据传输，Hadoop 提供了高效传输批量数据的工具 Sqoop。Sqoop 可用于将数据从外部结构化数据存储导入 Hadoop 平台；也可用于从 Hadoop 中提取数据，并将其导出到外部结构化数据存储。本章对 Sqoop 做了详细介绍。

第 8 章　大数据日志处理（Flume）

此外，Hadoop 还提供组件做日志收集处理。Flume 是一个分布式、高可靠和高可用的海量日志聚合系统。它支持从多种数据源收集数据，在对数据进行简单处理后，将数据写到数据接收方（可定制）。本章对 Flume 做了详细介绍。

第 9 章　大数据实时计算框架（Spark）

Spark 在 2009 年诞生于 UC Berkeley AMP Lab（加州大学伯克利分校的 AMP 实验室），是使用内存计算的开源大数据并行计算框架。它提供了强大的技术栈，可以应对复杂的大数据处理场景，包括 SQL 查询、机器学习、图形计算和流式计算等方面。第 9 章对 Spark 做了详细介绍。

第 10 章　大数据流计算

Hadoop 可通过 Spark 和 Storm 进行流计算。流计算是一种由事件触发、持续作用、低延迟的计算方式。它可以很好地对流数据进行实时分析处理，捕捉到可能有用的信息。本书第 10 章对流计算做了详细介绍。

第 11 章　数据可视化

为了更直观地展示大数据的分析处理结果，我们还需要使用数据可视化技术。常见的数据可视化工具有 Excel、R 语言、Tableau 和 QlikView。这部分内容会在第 11 章中做详细介绍。

第 12 章　大数据行业应用

目前，大数据技术在金融、医疗、制造业、能源、互联网、政府公共事业、媒体、零售等领域已经得到了广泛的应用，在社会以及企业的发展上起到了重要的作用。本书第 12 章介绍了大数据在金融行业、电信行业、公安系统以及互联网行业的应用案例，以便读者对大数据的应用现状有更直观的了解。

关于本书读者

本书定位是华为 ICT 学院大数据技术官方教材，本书适合以下几类读者。

- 华为 ICT 学院的学生。
- 各大高校 ICT 专业领域学生。
- 正在学习 HCNA-Big Data 课程的学员和正在备考 HCNA-Big Data 认证的考生。
- 有志于进入 ICT 行业的初学者。
- 大数据技术爱好者。

本书作者

编著：黄史浩

编委人员（排名不分先后）：林业灿、钱兴会、张文博、张粤磊

技术审校（排名不分先后）：高冬冬、贾云涛、刘洁、刘洋、鄢华、张博、张亮、张志峰、傅开宏、鲁戈

目 录

第1章 大数据概述 ·· 0
  1.1 大数据的概念与价值 ·· 2
    1.1.1 什么是大数据 ·· 2
    1.1.2 大数据的来源 ·· 4
    1.1.3 大数据有什么价值 ·· 5
    1.1.4 如何挖掘企业大数据的价值 ··· 6
  1.2 大数据的关键技术 ··· 7
    1.2.1 大数据采集、预处理与存储管理 ··· 7
    1.2.2 大数据分析与挖掘 ·· 8
    1.2.3 数据可视化 ··· 9
  1.3 大数据产业 ·· 9
    1.3.1 数据提供 ·· 9
    1.3.2 技术提供 ·· 9
    1.3.3 服务提供 ·· 10
  1.4 大数据应用场景 ·· 10
  1.5 本章总结 ··· 11
  练习题 ·· 12

第2章 Hadoop大数据处理平台ꞏꞏꞏ 14
  2.1 Hadoop平台概述 ··· 16
    2.1.1 Hadoop简介 ·· 16
    2.1.2 Hadoop的特性 ··· 17
    2.1.3 Hadoop应用现状 ··· 17
    2.1.4 Hadoop版本及相关平台 ··· 18
  2.2 Hadoop生态系统 ··· 18
    2.2.1 Hadoop存储系统（HDFS&HBase）··· 18
    2.2.2 Hadoop计算框架（MapReduce&YARN） ·· 19
    2.2.3 Hadoop数据仓库（Hive） ·· 20
    2.2.4 Hadoop数据转换与日志处理（Sqoop&Flume） ··· 20

2.2.5　Hadoop 应用协调与工作流（ZooKeeper&Oozie） 20
2.2.6　大数据安全技术（Kerberos&LDAP） 21
2.2.7　大数据即时查询与搜索（Impala&Solr） 21
2.2.8　大数据消息订阅（Kafka） 21
2.3　Hadoop 安装部署 22
2.3.1　Hadoop 规划部署 22
2.3.2　Hadoop 的安装方式 23
2.4　华为 FusionInsight HD 安装部署 26
2.4.1　FusionInsight HD 简介 26
2.4.2　FusionInsight HD 集成设计 28
2.4.3　FusionInsight HD 安装部署 33
2.4.4　FusionInsight HD 重要参数配置 41
2.5　本章总结 42
练习题 43

第3章　大数据存储技术（HDFS） 44

3.1　概述 46
3.1.1　分布式文件系统的概念与作用 47
3.1.2　HDFS 概述 47
3.2　HDFS 的相关概念 48
3.2.1　块 48
3.2.2　NameNode 49
3.2.3　Secondary NameNode 50
3.2.4　DataNode 51
3.3　HDFS 体系架构与原理 52
3.3.1　HDFS 体系架构 52
3.3.2　HDFS 的高可用机制 52
3.3.3　HDFS 的目录结构 54
3.3.4　HDFS 的数据读写过程 57
3.4　HDFS 接口及其在 FusionInsight HD 编程中的实践 58
3.4.1　HDFS 常用 Shell 命令 59
3.4.2　HDFS 的 Web 界面 60
3.4.3　HDFS 的 Java 接口及应用实例 62
3.5　本章总结 67
练习题 67

第 4 章 大数据离线计算框架（MapReduce & YARN） ·········· 70

4.1 MapReduce 技术原理 ·········· 72
4.1.1 MapReduce 概述 ·········· 73
4.1.2 Map 函数与 Reduce 函数 ·········· 73

4.2 YARN 技术原理 ·········· 74
4.2.1 YARN 的概述与应用 ·········· 74
4.2.2 YARN 的架构 ·········· 75
4.2.3 MapReduce 的计算过程 ·········· 76
4.2.4 YARN 的资源调度 ·········· 78

4.3 FusionInsight HD 中 MapReduce 的应用 ·········· 78
4.3.1 WordCount 实例分析 ·········· 78
4.3.2 MapReduce 编程实践 ·········· 79

4.4 本章总结 ·········· 85
练习题 ·········· 86

第 5 章 大数据数据库（HBase） ·········· 88

5.1 HBase 概述 ·········· 90
5.1.1 HBase 简介 ·········· 90
5.1.2 HBase 与关系型数据库的区别 ·········· 91
5.1.3 HBase 的应用场景 ·········· 92

5.2 HBase 的架构原理 ·········· 92
5.2.1 HBase 的数据模型 ·········· 92
5.2.2 表和 Region ·········· 93
5.2.3 HBase 的系统架构与功能组件 ·········· 94
5.2.4 HBase 的读写流程 ·········· 96
5.2.5 HBase 的 Compaction 过程 ·········· 97

5.3 FusionInsight HD 中 HBase 的编程实践 ·········· 98
5.3.1 FusionInsight HD 中 HBase 的常用参数配置 ·········· 98
5.3.2 HBase 的常用 Shell 命令 ·········· 100
5.3.3 HBase 常用的 Java API 及应用实例 ·········· 103

5.4 本章总结 ·········· 118
练习题 ·········· 118

第 6 章 大数据数据仓库（Hive） ·········· 120

6.1 Hive 概述 ·········· 122
6.1.1 Hive 简介和应用 ·········· 122

        6.1.2 Hive 的特性 ··· 123
        6.1.3 Hive 与传统数据仓库的区别 ·· 124
    6.2 Hive 的架构和数据存储 ·· 124
        6.2.1 Hive 的架构原理 ··· 124
        6.2.2 Hive 的数据存储模型 ·· 127
        6.2.3 HiveQL 编程 ·· 128
    6.3 FusionInsight HD 中 Hive 应用实践 ··· 132
        6.3.1 FusionInsight HD 中 Hive 的常用参数配置 ······························ 132
        6.3.2 加载数据到 Hive ·· 133
        6.3.3 使用 HiveQL 进行数据分析 ·· 135
    6.4 本章总结 ·· 139
    练习题 ·· 139

第 7 章 大数据数据转换（Sqoop 与 Loader）······································· 142
    7.1 Sqoop 概述 ·· 144
        7.1.1 Sqoop 简介与应用 ·· 145
        7.1.2 Sqoop 的功能与特性 ··· 145
        7.1.3 Sqoop 与传统 ETL 的区别 ·· 146
    7.2 FusionInsight HD 中 Loader 的应用实践 ······································· 146
        7.2.1 FusionInsight HD 中 Loader 与 Sqoop 的对比 ·························· 147
        7.2.2 FusionInsight HD 中 Loader 的参数配置 ································· 148
        7.2.3 使用 Loader 进行数据转换 ··· 149
        7.2.4 Loader 的常用 Shell 命令 ··· 150
        7.2.5 Loader 应用实践 ··· 152
    7.3 本章总结 ·· 153
    练习题 ·· 154

第 8 章 大数据日志处理（Flume）··· 156
    8.1 Flume 概述 ··· 158
        8.1.1 Flume 简介与应用 ·· 158
        8.1.2 Flume 的功能与特性 ··· 161
        8.1.3 Flume 与其他主流开源日志收集系统的区别 ··························· 162
    8.2 FusionInsight HD 中 Flume 的应用实践 ·· 162
        8.2.1 FusionInsight HD 中 Flume 的常用参数配置 ··························· 163
        8.2.2 Flume 常用的 Shell 命令 ·· 164
        8.2.3 Flume 与 Kafka 结合进行日志处理 ·· 165

8.3 本章总结 ……………………………………………………………………………… 168
练习题 …………………………………………………………………………………… 169

第 9 章 大数据实时计算框架（Spark） ……………………………………………… 170

9.1 Spark 概述 …………………………………………………………………………… 172
  9.1.1 Spark 的概述与应用 ………………………………………………………… 173
  9.1.2 Scala 语言介绍 ……………………………………………………………… 174
  9.1.3 Spark 生态系统组件 ………………………………………………………… 174
  9.1.4 Spark 与 Hadoop 的对比 …………………………………………………… 175
9.2 Spark 技术架构 ……………………………………………………………………… 176
  9.2.1 Spark 的运行原理 …………………………………………………………… 176
  9.2.2 RDD 概念与原理 …………………………………………………………… 177
  9.2.3 Spark 的三种部署方式 ……………………………………………………… 181
  9.2.4 使用开发工具测试 Spark …………………………………………………… 182
9.3 FusionInsight HD 中 Spark 应用实践 ……………………………………………… 183
  9.3.1 运行 Spark Shell …………………………………………………………… 183
  9.3.2 进行 Spark RDD 操作 ……………………………………………………… 184
  9.3.3 使用 Spark 客户端工具运行 Spark 程序 …………………………………… 185
9.4 Spark Streaming …………………………………………………………………… 188
  9.4.1 Spark Streaming 的设计思想 ……………………………………………… 188
  9.4.2 Spark Streaming 的应用实例 ……………………………………………… 189
9.5 Spark SQL …………………………………………………………………………… 191
  9.5.1 Spark SQL 的功能 ………………………………………………………… 191
  9.5.2 FusionInsight HD 中 Spark SQL 的应用实例 …………………………… 192
9.6 Spark MLlib ………………………………………………………………………… 193
  9.6.1 机器学习简介 ………………………………………………………………… 193
  9.6.2 Spark MLlib 的功能 ………………………………………………………… 194
9.7 Spark GraphX ……………………………………………………………………… 194
  9.7.1 图计算简介 …………………………………………………………………… 194
  9.7.2 Spark GraphX 功能简介 …………………………………………………… 195
9.8 本章总结 ……………………………………………………………………………… 195
练习题 …………………………………………………………………………………… 196

第 10 章 大数据流计算 …………………………………………………………………… 198

10.1 流计算概述 ………………………………………………………………………… 200
  10.1.1 静态数据和流数据 ………………………………………………………… 201

	10.1.2 流计算的概念 ········· 201
	10.1.3 MapReduce 和流计算 ········· 202
	10.1.4 流计算框架 ········· 202
10.2	流计算的处理流程 ········· 203
	10.2.1 数据实时采集 ········· 203
	10.2.2 数据实时计算 ········· 203
	10.2.3 数据实时查询 ········· 203
10.3	Streaming 流计算 ········· 204
	10.3.1 Streaming 简介 ········· 204
	10.3.2 Streaming 的特点 ········· 206
	10.3.3 Streaming 在 FusionInsight HD 上的应用实践 ········· 208
	10.3.4 Spark Streaming 与 Streaming 的差异 ········· 212
10.4	本章总结 ········· 213
	练习题 ········· 213

第 11 章 数据可视化 ········· 216

11.1	可视化概述 ········· 218
	11.1.1 数据可视化简介 ········· 219
	11.1.2 数据可视化的重要性 ········· 219
	11.1.3 可视化的发展历程 ········· 219
	11.1.4 数据可视化的过程 ········· 221
11.2	可视化工具 ········· 222
	11.2.1 入门级工具（Excel） ········· 222
	11.2.2 普通工具（R 语言） ········· 222
	11.2.3 高级工具（Tableau 和 QlikView） ········· 223
11.3	可视化的典型应用 ········· 223
	11.3.1 可视化在医学上的应用 ········· 223
	11.3.2 可视化在工程中的应用 ········· 224
	11.3.3 可视化在互联网的应用 ········· 225
11.4	本章总结 ········· 225
	练习题 ········· 226

第 12 章 大数据行业应用 ········· 228

12.1	大数据在金融行业的应用 ········· 230
12.2	大数据在电信行业的应用 ········· 232
12.3	大数据在公安系统的应用 ········· 236

12.4　大数据在互联网行业的应用⋯⋯⋯⋯⋯⋯⋯⋯⋯⋯⋯⋯⋯⋯⋯⋯⋯⋯⋯⋯237
12.5　本章总结⋯⋯⋯⋯⋯⋯⋯⋯⋯⋯⋯⋯⋯⋯⋯⋯⋯⋯⋯⋯⋯⋯⋯⋯⋯⋯⋯237
　　　练习题⋯⋯⋯⋯⋯⋯⋯⋯⋯⋯⋯⋯⋯⋯⋯⋯⋯⋯⋯⋯⋯⋯⋯⋯⋯⋯⋯⋯⋯238

术语表⋯⋯⋯⋯⋯⋯⋯⋯⋯⋯⋯⋯⋯⋯⋯⋯⋯⋯⋯⋯⋯⋯⋯⋯⋯⋯⋯⋯⋯⋯⋯⋯⋯240
参考文献⋯⋯⋯⋯⋯⋯⋯⋯⋯⋯⋯⋯⋯⋯⋯⋯⋯⋯⋯⋯⋯⋯⋯⋯⋯⋯⋯⋯⋯⋯⋯⋯252

第1章
大数据概述

1.1　大数据的概念与价值
1.2　大数据的关键技术
1.3　大数据产业
1.4　大数据应用场景
1.5　本章总结
练习题

随着信息技术的发展,硬件成本不断降低,网络带宽获得大幅提升,这些都为大量数据的传输和存储提供了基础;智能终端的普及及物联网的发展让更多的人和物链接到互联网中,成为数据的生产者;电子商务、社交网络、共享经济的发展也让人类活动踪迹越来越多地发生在网络上并以数据的形式记录下来。人类社会活动产生的数据与日俱增,涉及社会的方方面面。数据已经成为一种重要的生产要素,这些海量的数据被称为"大数据"。大数据蕴藏着巨大的价值,对大数据的运用和价值挖掘会给社会和企业带来新的机遇和变革。

本章讲述大数据的基本概念、关键技术以及产业模式。

学习目标
- 理解大数据的概念。
- 了解大数据的关键技术。
- 了解大数据的产业模式。
- 了解大数据的应用。

1.1 大数据的概念与价值

1.1.1 什么是大数据

信息技术咨询研究与顾问咨询公司 Gartner 给大数据做出了这样的定义:大数据是

指需要用高效率和创新型的信息技术加以处理,以提高发现洞察能力、决策能力和优化流程能力的信息资产。

著名管理咨询公司麦肯锡提出:大数据是指其大小超出了传统软件工具的采集、存储、管理和分析等能力的数据集,具有海量的数据(Volume)、快速的数据处理(Velocity)、多样的数据类型(Variety)和低价值密度(Value)四大特征,简称4V特征。

- **海量的数据(Volume)**:进入信息社会以来,数据增长速度急剧加快。2010年前后,云计算、大数据、物联网技术的高速发展掀起了新一轮的信息化浪潮。我们生活在一个"数据爆炸"的时代。2016年2月22日,社交网络Facebook公布的一份研究报告称,截至2015年年底全世界已有约32亿网民。目前已经是以用户为主导来生产内容的Web2.0时代,用户可以随时随地在博客、微博、微信上发布自己的信息,直播、视频网站的兴起也大大降低了多元化内容生产的门槛,每个互联网的用户都可以产生大量的数据。随着智能设备、物联网技术的发展,越来越多的终端接入到互联网中,数据产生的源头不再只是计算机和手机,智能家居、监控设备、各类传感器等每时每刻都会产生大量的数据。这些视频、图像等半结构化或非结构化数据的规模在快速增长,全球著名的信息技术、电信行业和消费科技咨询、顾问和活动服务专业提供商IDC在一项调查报告中指出,非结构化数据已占企业数据的80%且每年都按指数增长60%。

- **快速的数据产生与处理(Velocity)**:根据IDC的"数字宇宙"报告,预计到2020年,全球数据使用量将达到35.2ZB。随着数据量的急速增长,企业对数据处理效率的要求也越来越高。对于某些应用而言,经常需要在数秒内对海量数据进行计算分析,并给出计算结果,否则处理结果就是过时和无效的。大数据可以通过对海量数据进行实时分析,快速得出结论,从而保证结果的时效性。

- **多样的数据类型(Variety)**:大数据的数据类型繁多,简单地可以分为结构化数据、半结构化数据和非结构化数据。其中,结构化数据主要指存储在关系型数据库(例如MSSQL、Oracle、MySQL)中的数据。不方便用关系型数据库二维逻辑表来表现的数据即称为非结构化数据,其中包括图片、音频、视频、模型、连接信息、文档、位置信息、网络日志等,存储在非关系型数据库(NoSQL)中。和普通纯文本相比,半结构化数据具有一定的结构性,但数据的结构和内容混在一起,没有明显的区分,OEM(Object Exchange Model)是一种典型的半结构化数据模型,也存储在非关系型数据库(NoSQL)中。相对于以往便于存储的结构化数据,非结构化数据越来越多,多类型的数据对数据的处理能力提出了更高的要求。

- **低价值密度(Value)**:价值密度低是大数据的另一个典型特征。在信息存储、数据处理技术比较落后的时代,由于技术的限制,企业对大规模数据的处理能力不足，一般通过采样分析的方式减少需要处理的数据量。数据量与输出的价值之间的比率较高。大数据时代选取数据的理念是选择全体而非样本，处理数据时会将所有数据纳入处理范围。这些海量的数据单独拿出来相关性都很低，只有在宏观的角度对所有数据进行分析才能得到有价值的结果。大数据价值密度低，但相对于采样分析，大数据提供的价值要更为全面。

1.1.2 大数据的来源

数据科学家维克托·迈尔·舍恩伯格在其著作《大数据时代》中提到，世界的本质就是数据，大数据发展的核心动力来源于人类测量、记录和分析世界的渴望。随着技术的发展，在日常生产和生活中数据越来越多地被记录和存储下来，人类社会信息化的进程被不断地向前推进。在信息化过程中产生的大量数据，根据其产生来源可以分为两类：社交数据和机器数据。

- **社交数据**：在 Web1.0 时代，内容生产是由网站运营者来主导的。进入 Web2.0 时代，用户成为内容生产的主力。每个用户都可以在网络上生成大量数据。

中国互联网络信息中心（CNNIC）2017 年 1 月 22 日发布的第三十九次《中国互联网络发展状况统计报告》显示，截至 2016 年 12 月，我国网民规模达 7.31 亿，互联网普及率达到 53.2%。其中，手机网民规模达 6.95 亿，占比达 95.1%，增长率连续 3 年超过 10%，手机在上网设备中占据主导地位。据微博发布的 2016 年第三季度财报显示：截至 2016 年 9 月 30 日，微博月活跃人数已达到 2.97 亿。里约奥运会期间，与之相关的博文量就达 6.3 亿。截至 2016 年 12 月，微信及 WeChat 合并月活跃用户数达 8.89 亿，公众平台汇聚超 1000 万公众账号，20 万第三方开发者。阿里巴巴 2016 年度活跃用户为 4.34 亿，移动端月活跃用户 4.27 亿，淘宝日活跃用户打开手机淘宝 7 次，每天评论超过 2000 万条。百度目前数据总量 10 亿 GB，存储网页 1 万亿页，每天大约处理 60 亿次搜索请求。

Google 上每天需要处理 24PB 的数据；全球每秒发送 290 万封电子邮件；每天会有 2.88 万小时的视频上传到 YouTube，足够一个人昼夜不息地观看 3.3 年；推特上每天发布 5000 万条消息，假设 10 秒浏览一条信息，这些消息足够一个人昼夜不息地浏览 16 年；亚马逊每天产生 630 万笔订单，每个月网民在 Facebook 上要花费 7000 亿分钟，被移动互联网使用者发送和接收的数据高达 1.3EB。

- **机器数据**：随着物联网的发展，联网的设备不再局限于计算机和手机，每个加载了智能芯片的设备都会成为一个网络节点。汽车、电器、生产设备等各种设备都将接入互联网。连接在互联网中的各种传感器会不断地采集并上传大量的数据，包括用户数据及其本身运行所生成的日志数据。

2015 年，全球智能硬件零售量为 1.3 亿部，其中中国市场智能硬件销售量达 0.4 亿部，占全球份额的 32%。全球有 46 亿台照相手机，每年售出数亿台支持 GPS 的设备，现在有 300 亿个 RFID（射频识别技术，俗称电子标签，应用范围广泛，如图书馆、门禁、食品安全溯源等）。

物联网最显著的效益就是它能极大地扩展我们监控和测量真实世界的能力。对异常数据的发现依赖于长期而全面的数据记录和趋势分析。以智能手环为例，它会记录用户在穿戴期间的心率或者运动量，并上传到互联网进行存储，通过对这些数据的统计和分析可以发现其中的异常数据，及时发现用户的健康问题。

1.1.3 大数据有什么价值

1. 大数据已然上升到各个国家的战略规划中

大数据是新时代的"石油"，是一种新的战略资源。现代科学技术的发展使我们有能力把这种资源利用起来，在更多的领域获得并使用全面完整的数据。企业深入探索现实世界的规律，得到更多的商机，更有针对性地做出决策、改善产品和优化流程。

大数据是促进创新和提高生产力的重要技术，直接影响到国家竞争力。各国政府对大数据的发展高度重视，将打造数据强国作为国家战略，纷纷出台相关政策来扶持大数据产业。

2012 年 3 月，美国政府公布了《大数据研究发展计划》，提出要提高美国从大型复杂数据中提取知识和观点的能力，加快科学与工程研究步伐，加强国家安全，改进教学研究。同年 11 月公布的具体研发计划涉及各级政府、私企及科研机构等多个大数据研究项目。

日本政府于 2013 年 6 月发布了《创建最尖端 IT 国家宣言》，全面阐述了 2013 年至 2020 年间以发展开放公共数据和大数据为核心的国家战略，强调"提升日本竞争力，大数据应用不可或缺"。

2013 年 10 月，英国政府发布《英国数据能力发展战略规划》，对数据能力的定义和优化进行了系统性的研究分析，在如何发展大数据产业方面提出了举措建议，旨在利用数据产生商业价值，促进经济增长，打造信息强国。

2015 年 8 月，中国国务院印发《促进大数据发展行动纲要》，系统部署大数据发展工作。《促进大数据发展行动纲要》提出，推动大数据发展和应用，在未来 5 至 10 年打造精准治理、多方协作的社会治理新模式，建立运行平稳、安全高效的经济运行新机制，构建以人为本、惠及全民的民生服务新体系，开启大众创业、万众创新的创新驱动新格局，培育高端智能、新兴繁荣的产业发展新生态。

2016 年 3 月 17 日，《中华人民共和国国民经济和社会发展第十三个五年规划纲要》发布，其中第二十七章"实施国家大数据战略"提出，把大数据作为基础性战略资源，全面实施促进大数据发展行动，加快推动数据资源共享开放和开发应用，助力产业转型升级和社会治理创新；具体包括：加快政府数据开放共享、促进大数据产业健康发展。

2. 大数据能给企业带来什么

对于企业来说，数据是一种信息资产，企业可以通过大数据应用将这种资产真正利用起来以达到提高企业效益的目的。大数据对企业的价值主要体现在以下四个方面：精准的市场营销、辅助决策、催生产品和服务、改善产品和流程。

- **大数据提高营销能力**：大数据应用可以通过对大量消费数据的挖掘，刻画出每个用户的消费喜好。利用大数据的成果，企业可以由单一的营销策略升级到针对用户的个性化营销，给客户推销他真正喜欢和会购买的产品或服务。
- **大数据提高决策能力**：当前，企业管理者更多地是依赖个人经验做出决策。对于复杂的企业管理和市场运作而言，个人能够同时处理的信息有限。决策所依据的信息完整性越高，管理者做出理性决策的可能性就越大。大数据能够有效地帮助各个行业用户做出更为准确的商业决策，从而实现更大的商业价值。
- **大数据催生产品和服务**：在大数据时代，以利用数据价值为核心的新型商业模式正在不断涌现。依托大数据技术提供医疗服务可以让医生更加了解病人的健康情况，及时发现问题并做出正确诊断；在金融业方面，利用大数据技术可让企业更快捷、更立体地评价企业和个人信用，降低业务风险，提高资金流通效率。以阿里巴巴为例，阿里巴巴基于海量的用户消费数据建立了自己的网络数据模型和用户信用体系，创建蚂蚁金服，推出新型的金融产品，打破了传统的金融模式，使贷款不再需要抵押品和担保，而仅依赖于数据，减少了大量流程，使企业和个人能够迅速获得所需资金。
- **大数据有助于改善产品和流程**：通过对产品使用情况的收集分析，企业可以针对性地对产品迭代，使产品更贴合用户的需求。以视频网站为例，企业可以通过点击量及用户停留时间分析用户的喜好和审美趋势，了解什么样的标题和内容更容易吸引到用户，从而在内容上进行调整。企业还可以通过挖掘业务流程各环节的中间数据和结果数据，发现流程中的瓶颈因素，找到改善流程、降低成本的关键点，从而优化流程，提高服务水平。

1.1.4 如何挖掘企业大数据的价值

1. 企业有价值的数据在哪里

企业中最有价值的数据主要有**客户数据**、**财务数据**和**生产数据**。

通过对客户数据的分析，企业可以在现有客户中挖掘出更有价值的客户并重点关注。

财务数据的分析是企业的一项重要工作，财务数据可以揭示企业财务状况，比如企业的偿债能力、盈利能力、营运能力等。运用大数据技术，企业可以获得更详细的分析结果，挖掘难以察觉的现象之间的相关性，有利于企业在运营上做出更好的决策。

生产数据并不单单指产品生产流程中各种生产设备的数据，也包括服务类的公司在项目实施过程中可收集到的相关信息。挖掘生产数据中的信息，企业可以发现流程中出现滞后的环节，从而进行调整优化，提升企业的工作效率和服务水平。

2. 大数据价值发现的基本流程

对大数据价值的发现主要分以下三个流程：数据采集、预处理及导入、数据分析及挖掘。

- **数据采集**：大数据的采集是指利用多种工具从客户端（计算机、手机端或者传感器形式）获取数据。
- **预处理及导入**：在数据采集阶段中，采集端本身会有不同的存储工具，数据被分散存储在这些工具中。企业如果要进行有效分析需要实现对这些数据的统一管理，因此当我们采集到数据后，会将这些数据导入到分布式数据库（如 Hadoop 的 HBase）或者分布式存储集群（如 Hadoop 的 HDFS）中，并且在导入时做一些简单的数据清洗和预处理工作，来满足数据的计算需要。
- **数据分析及挖掘**：获取数据之后用户需要从数据里面发现有价值的信息从而帮助企业进行业务运营、改进产品以及优化决策。数据分析及挖掘即通过算法模型对数据进行处理并发现数据中的价值。数据挖掘与数据分析不同的地方在于，数据分析预设了一个问题在数据中找出结果，是寻找已知的价值，而数据挖掘则是在海量数据上进行基于各种算法和模型的计算，挖掘出未知的价值。数据分析及挖掘可以让我们切实有效地将数据的价值利用起来。

1.2 大数据的关键技术

本节主要介绍大数据的关键技术：大数据采集技术、大数据预处理技术、大数据存储及管理技术、大数据分析及挖掘技术和数据可视化技术。

1.2.1 大数据采集、预处理与存储管理

- **大数据采集技术**：数据采集主要通过 Web、应用、传感器等方式获得各种类型的结构化、半结构化及非结构化数据，难点在于采集量大且数据类型繁多。采集网络数据可以通过网络爬虫或 API 的方式来获取。对于系统管理员来说，系统日志对于管理有重要的意义，很多互联网企业都有自己的海量数据收集工具，用于系统日志的收集，能满足每秒数百 MB 的日志数据采集和传输需求，如 Hadoop 的 Chukwa、Flume、Facebook 的 Scribe 等。
- **大数据预处理技术**：大数据的预处理包括对数据的抽取和清洗等方面。由于大

数据的数据类型是多样化的，不利于快速分析处理，数据抽取过程可以将数据转化为单一的或者便于处理的数据结构。数据清洗是指发现并纠正数据文件中可识别的错误的最后一道程序，可以将数据集中的残缺数据、错误数据和重复数据筛选出来并丢弃。常用的数据清洗工具有 DataWrangler、GoogleRefine 等。

- **大数据存储及管理技术**：大数据的存储及管理与传统数据相比，难点在于数据量大，数据类型多，文件大小可能超过单个磁盘容量。企业要克服这些问题，实现对结构化、半结构化、非结构化海量数据的存储与管理，可以综合利用分布式文件系统、数据仓库、关系型数据库、非关系型数据库等技术。常用的分布式文件系统有 Google 的 GFS、Hadoop 的 HDFS、SUN 公司的 Lustre 等。

1.2.2　大数据分析与挖掘

数据分析及挖掘是利用算法模型对数据进行处理，从而得到有用的信息。数据分析与数据挖掘的区别在前文已有提及。数据挖掘会从大量复杂的数据中提取信息，通过处理分析海量数据发现价值。大数据平台通过不同的计算框架执行计算任务实现数据分析和挖掘的目地。常用的分布式计算框架有 MapReduce、Storm 和 Spark 等。其中 MapReduce 适用于复杂的批量离线数据处理；Storm 适用于流式数据的实时处理；Spark 基于内存计算，具有多个组件，应用范围较广。

数据分析是指根据分析目的，用适当的统计分析方法对收集来的数据进行处理与分析，提供有价值的信息的一种技术。

数据分析的类型包括描述性统计分析、探索性数据分析和验证性数据分析。描述性统计分析是指对一组数据的各种特征进行分析，用于描述测量样本及其所代表的总体的特征。探索性数据分析是指为了形成值得假设的检验而对数据进行分析的一种方法，是对传统统计学假设检验手段的补充。验证性数据分析是指事先建立假设的关系模型，再对数据进行分析，验证该模型是否成立的一种技术。

数据挖掘是指从大量的数据中，通过统计学、人工智能、机器学习等方法，挖掘出未知的、有价值的信息和知识的过程。

数据挖掘有以下五个常见类别的任务。

偏差分析：偏差分析能识别异常数据记录，异常数据可能是有价值的信息但需要进一步调查的错误数据。

关联分析：关联分析能搜索变量之间的关系。例如，超市可能收集有关客户购买习惯的数据。使用关联规则学习，超市可以确定哪些产品经常在一起购买，并将此信息用于营销目的。

聚类分析：聚类分析是在数据中以某种方式或其他"相似"发现数据组和结构的任

务,而不使用数据中的已知结构。

分类:分类是将已知结构推广到新数据的任务。例如,电子邮件程序可能会尝试将电子邮件分类为"合法"或"垃圾邮件"。

回归:回归是利用历史数据找出变化规律。它尝试找到以最小误差建模的函数,用于估计数据或数据集之间的关系。结合自然语言处理、文本情感分析、机器学习、聚类关联、数据模型进行数据挖掘,可以帮助我们在海量数据中获取更多有价值的信息。

1.2.3 数据可视化

数据可视化是指将数据以图形图像形式表示,向用户清楚有效地传达信息的过程。通过数据可视化技术,可以生成实时的图表,它能对数据的生成和变化进行观测、跟踪,也可以形成静态的多维报表以发现数据中不同变量的潜在联系。

1.3 大数据产业

当前我国大数据处于起步发展阶段,各地积极性高,市场增速明显。2016 年,我国大数据市场规模为 900 亿元,存在结构发展不均衡等特点。目前大数据企业有以下三种模式:数据提供、技术提供、服务提供。

1.3.1 数据提供

在大数据产业中,数据是重要的一环。除了运营商、大型电商平台、大型社交平台等企业之外,从事大数据处理的很多公司并不拥有足够的数据进行分析挖掘。拥有大量数据的企业常常也需要分析其他类型的用户数据,例如,电商企业会购买社交平台的数据做用户行为和偏好的分析来促进交易。基于以上原因,数据交易在大数据产业中成为重要的一环,拥有大量数据的企业可以通过提供数据的方式来盈利。

在国内,数据交易市场已逐渐成熟规范。2014 年 2 月,在北京市政府以及中关村管委会的指导下,中关村大数据交易产业联盟正式成立并启动中关村数海大数据交易平台,以促进数据资源的交易流通。2015 年 4 月 14 号,贵阳大数据交易所正式挂牌运营,目前在北京、上海、深圳及成都均设有运营中心,已有企业会员 500 多家,其中包括华为、腾讯、京东、阿里巴巴、中国联通等。

1.3.2 技术提供

传统行业和中小型企业通常没有足够的技术水平去搭建自己的大数据平台,需要第三方提供大数据技术解决方案。

对于需要自建大数据平台的企业，IT厂商可以为其提供整体解决方案。如华为的大数据解决方案。它是使用基于Apache Hadoop开源社区软件进行自主开发，实现功能增强的企业级大数据存储、查询和分析的统一平台——FusionInsight HD。它以海量数据处理引擎和实时数据处理引擎为核心，解决金融、运营商等数据密集型行业的应用开发、产品优化、辅助决策等需求。

中小型企业有海量数据的分析需求，但大数据平台成本相对较高，这时它们可以将数据上传到第三方大数据平台进行处理。例如，Google的在线数据分析平台——BigQuery，它允许用户上传他们的超大量数据进行交互式分析，从而不必投资建立自己的数据中心，大大节省了处理大数据的成本。

1.3.3 服务提供

除了大型互联网公司之外的大部分企业专门组建自己的大数据技术团队是一个投入大于产出的举措。他们往往会将自己数据分析的工作外包给提供数据服务的专业大数据咨询公司，来减少成本，提高企业运行效率。

华为基于自主开发的FusionInsight系列产品对外提供大数据商业咨询服务方案，为客户提供从市场和商业分析、业务规划与设计、商业与网络解决方案到方案落地和策略执行的全面服务。它能够帮助企业对企业内部和外部的巨量信息数据进行实时与非实时的分析挖掘，发现全新价值点和企业商机。

具有大量数据以及数据分析能力的企业还可以利用自身数据的分析结果开展新的业务，对外提供服务。例如运营商拥有大量的用户数据可以利用，中国联通依托用户数据创建的征信系统可以向小额金融机构开放。小额金融机构通过联通征信系统可以查看客户的信用评分来判断是否通过其贷款申请，从而减少大量的客户调研工作。

1.4 大数据应用场景

大数据无处不在，结合不同行业的应用场景可以创造巨大的价值。表1-1是大数据在金融、医疗、制造业、能源、互联网、政府公共事业、媒体、零售八个领域的应用情况。

表1-1 大数据在不同行业的应用和价值

行业	大数据应用方向	价值
银行/金融	• 贷款、保险、发卡等业务数据集成分析、市场评估 • 新产品风险评估 • 股票等投资组合趋势分析	• 增加市场份额 • 提升客户忠诚度 • 提高整体收入 • 降低金融风险

(续表)

行业	大数据应用方向	价值
医疗	• 共享电子病历及医疗记录，帮助快速诊断 • 穿戴式设备、远程医疗	• 提高诊疗质量 • 加快诊疗速度
制造/高科技	• 产品故障、失效综合分析 • 智能设备全球定位，位置服务	• 优化产品设计、制造 • 降低保修成本
能源	• 勘探、钻井等传感器数据集中分析	• 降低工程事故风险 • 优化勘探过程
互联网/Web2.0	• 在线广告投放 • 商品评分、排名 • 社交网络自动匹配 • 搜索结果优化	• 提升网络用户忠诚度 • 改善社交网络体验 • 向目标用户提供有针对性的商品和服务
政府/公共事业	• 智能城市信息网络集成 • 天气、地理、水电煤等公共数据收集、研究 • 公共安全信息集中处理、智能分析	• 更好地对外提供公共服务 • 舆情分析 • 准确判断安全威胁
媒体/娱乐	• 收视率统计、热点信息统计、分析	• 创造更多联合、交叉销售商机 • 准确评估广告效用
零售	• 基于用户位置信息的精确促销 • 社交网络购买行为分析	• 激化客户购买热情 • 顺应客户购买行为习惯

　　大数据技术的应用会对社会发展产生深远的影响。政府单位及企业都将基于大数据分析平台优化其决策。各行各业将利用大数据技术进行运营策略制订、市场分析和用户定位等事务，企业的运作模式会发生巨大转变。因大数据系统的出现，政府、企业可以根据数据分析结果来提供更优质的服务，个人生活将更加便捷。

1.5　本章总结

　　本章介绍了大数据的基本概念，大数据是指其大小超出了典型数据库软件的采集、存储、管理和分析等能力的数据集。它具有海量的数据（Volume）、快速的数据处理（Velocity）、多样的数据类型（Variety）和价值密度低（Value）四大特征，统称"4V"。

　　大数据对企业的价值主要体现在以下四个方面：精准的市场营销、辅助决策、催生产品和服务、改善产品和流程。在发掘大数据价值时，需要的关键技术有大数据采集技术、大数据预处理技术、大数据存储和管理技术、大数据分析和挖掘技术、大数据可视化技术等。

　　大数据在金融、医疗、制造业、能源、互联网、政府公共事业、媒体、零售等领域得到了日益广泛的应用，对社会发展产生了深远的影响。

练习题

一、选择题

1. 大数据是指其大小超出了典型数据库软件的采集、存储、管理和分析等能力的数据集，以下哪个不是大数据的主要特征（　　）
   - A. 价值密度高
   - B. 海量的数据
   - C. 多样的数据类型
   - D. 快速的数据处理

2. 目前，半结构化数据和非结构化数据占总数据量的（　　）
   - A. 50%～60%
   - B. 60%～70%
   - C. 70%～80%
   - D. 80%～90%

3. （多选）数据挖掘的常见任务有（　　）
   - A. 关联分析
   - B. 聚类分析
   - C. 回归
   - D. 分类

二、简答题

1. 简述大数据的 4V 特征。
2. 大数据对企业的价值有哪些？
3. 大数据需要用到哪些关键技术？

第2章

日本のCoop学連携教育手法

第2章
Hadoop大数据处理平台

2.1 Hadoop平台概述
2.2 Hadoop生态系统
2.3 Hadoop安装部署
2.4 华为FusionInsight HD安装部署
2.5 本章总结
练习题

Hadoop 是 Apache 基金会开发的分布式计算平台，被公认为行业大数据标准开源软件，它可以在大规模计算机集群中提供海量数据的处理能力。由于其良好的性能，Hadoop 大数据处理平台在大数据企业中应用广泛。

本章介绍了 Hadoop 的发展历程、应用特性和应用现状，对 Hadoop 生态系统中的各个组件做了简单的介绍。最后详细演示了 Apache Hadoop 以及华为基于 Hadoop 开发的大数据平台 FusionInsight HD 的安装部署。

> **学习目标**
> - 了解 Hadoop 是什么。
> - 了解 Hadoop 生态系统中的重要组件。
> - 掌握 Hadoop 的安装部署方法。
> - 掌握华为 FusionInsight HD 的安装部署方法。

2.1　Hadoop 平台概述

本节内容主要介绍 Hadoop 是什么、Hadoop 的特性、应用现状及 Hadoop 的相关平台。

2.1.1　Hadoop 简介

Hadoop 是由 Apache 基金会所开发的分布式计算平台，它可以在计算机集群中对大型数据集进行分布式处理。Hadoop 旨在从单个服务器扩展到数千台机器，每台机器都提供本地计算和存储。Hadoop 在应用层面设计了检测和处理计算机故障的机制，其本身不依靠硬件来提供高可用性。Hadoop 是基于 Java 语言开发的，它可以较好地运行在 Linux 平台上。Hadoop 拥有两个核心组件，一个是 Hadoop 分布式文件系统（Hadoop Distributed File System，HDFS），另一个是分布式计算框架 MapReduce。

2004 年，Hadoop 由 Doug Cutting（Hadoop 之父）提出，它的原型和灵感来自于 Google 的 MapReduce 和 GFS，它是开源的分布式系统。

2006 年，随着 Doug Cutting 加入雅虎，Hadoop 项目从 Nutch（一个开源的网络搜索引擎）项目中独立出来。2008 年，Hadoop 成为 Apache 基金会扶持的顶级项目。随后，Hadoop 经过多年积累，融入了 R 语言、Hive、Pig、ZooKeeper、HBase、Impala、Sqoop 等一系列组件，逐渐发展成一个成熟的主流商业应用，得到了广泛的应用。

2.1.2　Hadoop 的特性

Hadoop 被公认为行业大数据标准开源软件，在分布式环境下提供了海量数据的处理能力。它具有以下几个特性。

- **高可靠性**：Hadoop 采取分布式文件系统对数据做冗余存储，它的部分副本失效不会影响数据的可用性。
- **高扩展性**：Hadoop 可以轻易地将集群扩展到数千节点的规模。
- **高效性**：Hadoop 采取分布式计算框架，可以将计算任务分配到集群多个节点中，实现数据的高效处理。
- **低成本**：Hadoop 可以部署在通用的 X86 服务器上，不需要采购昂贵的硬件设备。Hadoop 属于开源项目，软件成本也大大降低。

2.1.3　Hadoop 应用现状

Hadoop 凭借其优异的性能，在大数据企业中获得了广泛的应用。在国外，Yahoo、Facebook、IBM、eBay 等大企业都使用 Hadoop 进行海量数据的存储和处理。国内许多互联网公司及大数据企业也使用 Hadoop 大数据平台。

百度作为全球最大的中文搜索引擎公司，其需要存储和处理的数据量极其庞大。百度在 2006 年就开始关注 Hadoop 并尝试投入使用，目前已建立多个 Hadoop 集群。百度利用 Hadoop 集群构建了数据挖掘与日志分析平台、数据仓库系统、推荐引擎系统、用户行为分析系统，来支撑公司的数据团队、搜索团队、社区产品团队、广告团队开展或优化其业务。

腾讯也是国内使用 Hadoop 最早的公司之一。腾讯利用 Hadoop 构建了数据仓库系统

TDW 并开发了自己的 TDW-IDE 基础开发环境。腾讯的 TDW 目前已经成为腾讯最大的离线数据处理平台，其服务范围覆盖了腾讯的绝大部分业务产品，如 QQ 聊天工具、腾讯微博、搜搜、财付通等。

华为公司不仅是 Hadoop 的使用者，同时它也是为 Hadoop 社区做出杰出贡献的公司之一。华为对 Hadoop 的高可用方案，以及 HBase（分布式数据库）领域有深入研究。华为目前已经推出了基于 Hadoop 的大数据解决方案 FusionInsight HD，FusionInsight HD 具备很多企业级增强功能。

2.1.4 Hadoop 版本及相关平台

ApacheHadoop 版本目前共有三代，它们分别是 Hadoop1.0、Hadoop2.0 及 Hadoop3.0。Hadoop1.0 对应的版本为 0.20.x、1.x、0.21.x、0.22.x，主要组件为分布式文件系统（HDFS）及离线计算框架（MapReduce）。Hadoop2.0 对应的版本是 0.23.x 和 2.x。Hadoop2.0 主要新增了 YARN 和 HDFS Federation，实现了对多种计算框架的支持和 HDFS 主节点的横向扩展。Hadoop3.0 增强了 YARN 和 HDFS 的高可用性，它实现了对云计算平台的支持。但是它目前还未推出可用于生产环境的稳定产品。

除了开源的 Apache Hadoop 之外，市面上也存在不少由商业公司推出的 Hadoop 发行版。Cloudera 公司于 2009 年发布第一个 Hadoop 商业化版本。如今，Cloudera 和 2011 年从 Yahoo 剥离的 Hortonworks 以及 MapR 在 Hadoop 领域中形成三足鼎立之势。Hortonworks 选择与红帽、微软等公司联手，希望借助开源社区和合作伙伴的力量壮大自己；Cloudera 则与英特尔合作，瞄准高利润的大订单；MapR 与 Dell 达成战略合作伙伴，致力于开发下一代性能强大的 Hadoop。同时，Zettaset、HStreaming、Hadapt 等与 Hadoop 相关的新公司也推出了大数据的服务，华为更是开发了基于 Hadoop 的企业产品 FunsionInsight HD，为市场带来最新技术。

2.2 Hadoop 生态系统

本节内容主要介绍 Hadoop 生态系统中的主要组件，其中包括 HDFS、HBase、MapReduce、YARN、Hive、Sqoop、Flume、ZooKeeper、Oozie、Kerberos、LDAP、Impala、Solr、Kafka。

2.2.1 Hadoop 存储系统（HDFS&HBase）

1. 分布式文件系统（HDFS）

Hadoop 分布式文件系统（Hadoop Distributed File System, HDFS）是 Hadoop 的

两大核心之一。HDFS 是使用 Java 实现的、分布式的、可横向扩展的分布式文件系统，它是基于 Google 发布的 GFS 论文设计开发的，是对谷歌分布式文件系统（Google File System，GFS）的开源实现。

HDFS 可存储超大文件，采用流式数据访问模式，运行于通用 X86 服务器上。HDFS 可以容忍硬件出错，在某个节点发生故障时，可以及时由其他正常节点继续向用户提供服务。HDFS 放松了某些 POSIX（POSIX 表示可移植操作系统接口，定义了操作系统应该为应用程序提供的接口标准）的要求，使用流式数据访问方式，并且采用了 WORM（Write Once Read Many）数据一致性模型。HDFS 在处理数据时，具有很高的数据吞吐率，对于大数据应用来说，HDFS 是一个非常好的分布式数据存储系统。

2. 分布式数据库 HBase

HBase 的名字来源于 Hadoop Database，即 Hadoop 数据库。

HBase 是一个高可靠性、高性能、面向列、可伸缩的分布式存储系统，该技术来源于 Fay Chang 所撰写的 Google 论文《Bigtable：一个结构化数据的分布式存储系统》。HBase 是 Apache 的 Hadoop 项目中的子项目。HBase 属于非关系型数据库，它适合于结构化和非结构化数据存储。HBase 的数据是基于列的而不是基于行的模式。利用 HBase 技术可在廉价服务器上搭建起大规模结构化存储集群。HBase 利用 Hadoop HDFS 作为其文件存储系统，以 Hadoop MapReduce（Hadoop 的分布式计算框架）来处理海量数据，并且将 ZooKeeper（Hadoop 的协调服务）作为协同服务。

2.2.2　Hadoop 计算框架（MapReduce&YARN）

1. 离线计算框架（MapReduce）

Hadoop MapReduce 是谷歌 MapReduce 的开源实现。MapReduce 是一种编程模型，它把一个复杂的问题分解成处理子集的子问题，并将操作分为"Map"和"Reduce"两个过程。"Map"是对子问题分别进行处理，得出中间结果；"Reduce"是把子问题处理后的中间结果进行汇总处理，得出最终结果。Hadoop MapReduce 能够在由大量的普通配置的计算机组成的集群上处理超大数据集，具有易于编程、高扩展性和高容错性的特点。

2. 资源管理系统（YARN）

YARN（Yet Another Resource Negotiator，另一种资源协调者）是 Hadoop2.0 中的资源管理调度系统。它是一个通用的资源管理模块，可以为上层应用提供统一的资源管理和调度。

YARN 可以统一管理多种计算框架（除了 MapReduce 框架，还可以支持其他框架，如 Spark、Storm 等），具有资源利用率高、运维成本低、数据共享方便等优点。

2.2.3 Hadoop 数据仓库（Hive）

Hive 是基于 Hadoop 的数据仓库工具，可以将结构化的数据文件映射为数据库表，并提供类 SQL 查询功能。Hive 的操作本质是将类 SQL 语句转换为 MapReduce 程序。

Hive 的组件包括 HCatalog 和 WebHCat。

HCatalog 用于管理 Hadoop 的表和元数据，这样用户可以使用不同的数据处理工具（包括 Pig 和 MapReduce）来更轻松地在网格上读取和写入数据。

WebHCat 是 HCatalog 的 REST（Representational State Transfer，表现状态传输）接口，可以使用户能通过安全的 HTTPS 协议执行操作。

2.2.4 Hadoop 数据转换与日志处理（Sqoop&Flume）

1. 数据转换工具（Sqoop）

Sqoop 是一种用于在 Apache Hadoop 和结构化数据存储（如关系型数据库和大型主机）之间高效传输批量数据的工具。Sqoop 可用于将数据从外部结构化数据存储导入 Hadoop 分布式文件系统，或其他相关的分布式存储系统中，如 Hive 和 HBase；它也可用于从 Hadoop 中提取数据，并将其导出到外部结构化数据存储。

2. 日志处理系统（Flume）

Flume 是 Cloudera 提供的一种分布式的、高可靠的、高可用的，用于高效收集、聚合和移动大量日志数据的系统。它使用基于数据流的简单灵活的架构。Flume 支持在日志系统中定制各类数据发送方，用于收集数据；同时它也具有提供对数据进行简单处理，并写到各种数据接收方的能力。

2.2.5 Hadoop 应用协调与工作流（ZooKeeper&Oozie）

1. 分布式协调服务（ZooKeeper）

ZooKeeper 是对 Google Chubby 的开源实现，是 Hadoop 的一个子项目。ZooKeeper 是一个分布式协调服务，可以为分布式应用程序提供配置维护、域名服务、分布式同步等服务，从而减轻分布式应用程序所承担的协调任务。ZooKeeper 使用 Java 编写，它提供 Java 和 C 接口供开发人员编程接入。

2. 工作流调度程序（Oozie）

Oozie 是一种 Java Web 应用程序，它是用于管理 Apache Hadoop 作业的工作流调度系统。Oozie 工作流（Workflow）是放置在控制依赖 DAG（有向无环图）中的一组动作（Action）集合，DAG 的使用可确保后续操作在前面的操作已成功完成后才会启动。Oozie 可以支持几种类型的 Hadoop 作业（例如 Map/Reduce，Pig，Hive，Sqoop 等）以及系统特定的作业（例如 Java 程序和 Shell 脚本）。

2.2.6 大数据安全技术（Kerberos&LDAP）

1. 网络认证协议（Kerberos）

Kerberos 这一名词来源于希腊神话"三个头的狗——地狱之门守护者"，后来被沿用作为安全认证的概念。该系统设计上采用客户端/服务器结构与 DES（Data Encryption Standard，数据加密标准）和 AES（Advanced Encryption Standard，高级加密标准）等加密技术。Kerberos 基于共享密钥对称加密，通过密钥系统为客户机/服务器应用程序提供认证服务。

2. 轻量目录访问协议（LDAP）

LDAP（Lightweight Directory Access Protocol）是轻量目录访问协议，提供被称为目录服务的信息服务，特别是基于 X.500（构成全球分布式的目录服务系统的协议）的目录服务。LDAP 为应用程序提供访问、认证和授权的集中管理。LDAP 的目录服务允许在整个网络中共享关于用户、系统、网络、服务和应用程序的信息。通常情况下，我们会将用户名和密码存储在 LDAP 的数据库中，允许不同的应用程序和服务访问其信息对用户进行验证。

2.2.7 大数据即时查询与搜索（Impala&Solr）

1. 查询系统（Impala）

Impala 是 Cloudera 公司主导开发的新型查询系统。它提供 SQL 语义，能查询存储在 Hadoop 的 HDFS 和 HBase 中的 PB 级大数据。Impala 与 Hive 使用相同的元数据、SQL 语法和 ODBC（Open Database Connectivity，开放数据库连接）驱动程序。但不同的是 Hive 查询使用 MapReduce 程序，Impala 则使用高并发的 MPP（Massive Parallel Processing，大规模并行处理）查询引擎，MPD 的查询速度要比 Hive 快得多。

2. 搜索系统（Solr）

Solr 是基于 Apache Lucene（Apache 基金会的全文搜索引擎项目）的企业搜索平台。Solr 基于标准的开放式接口（XML、JSON 和 HTTP），可实现强大的搜索匹配功能，如短语、通配符、联接等。Solr 具有高可靠性，可扩展性和容错性，它可提供分布式索引，复制和负载平衡查询，自动故障转移和恢复，集中配置等功能。Solr 为世界上许多大型的互联网站点提供搜索和导航功能。

2.2.8 大数据消息订阅（Kafka）

Kafka 是一种高吞吐量的分布式发布—订阅消息系统。它最初由 LinkedIn 公司开发，之后成为 Apache 项目的一部分。Kafka 主要用于处理活跃的流式数据，具有以下三个关键功能：发布和订阅信息流（在这方面，它类似于消息队列或企业消息系统），以容错方式存储信息流和处理信息流。

2.3 Hadoop 安装部署

本节主要介绍 Hadoop 的规划部署和安装方式。

2.3.1 Hadoop 规划部署

先决条件

(1) 支持的平台

Hadoop 支持 GNU/Linux 作为开发和生产平台。Hadoop 已经在具有 2000 个节点的 GNU/Linux 集群上得到了验证。Hadoop 同时也支持 Windows 平台，本教材内容主要讨论在 Linux 系统中部署 Hadoop。

(2) 所需软件

Hadoop 所需的 Linux 软件包括：Java™。当前的实验环境采用 Hadoop 2.7.3 版本，推荐使用 Java 版本的 oracle 1.6.0_20 及以上版本。必须安装 SSH，并且 sshd 必须正在运行才能使用管理远程 Hadoop 守护程序的 Hadoop 脚本。

用户安装这两个程序的原因如下：Hadoop 是用 Java 开发的，Hadoop 的编译及 MapReduce 的运行都需要使用 JDK。Hadoop 需要通过 SSH 来启动 Slave 配置文件列表中各台主机的守护进程，因此 SSH 也是必须安装的，即使是安装伪分布式部署。因为对于伪分布式部署，Hadoop 也会采用与集群相同的处理方式，即依次启动配置文件 conf/slaves 中记载的主机列表上的守护进程，只不过伪分布式中 Salve 为 localhost（即为自身）。

(3) 服务器硬件配置

用户可以选择通用 X86 服务器来构建集群，无需使用特定供应商生产的昂贵、专有的硬件设备，例如大型机、小型机等。

下面列举通用服务器规格（以供参考）。

- 处理器两个四核 2～2.5 GHz CPU。
- 内存，16～64 GB ECC RAM®存储器。
- 4×1TB SAS 硬盘。
- 网络，千兆以太网卡。

(4) 网络拓扑

Hadoop 集群架构通常包含两级网络拓扑，如图 2-1 所示。一般来说，各机架装配

10~20个服务器，共享一个千兆的交换机，各机架的交换机又通过上行链路与一个核心交换机或路由器（通常为千兆或更高）互联。该架构的突出特点是同一机架内部的节点之间的总带宽要远高于不同机架上的节点间的带宽。为了达到Hadoop的最佳性能，配置Hadoop系统让系统理解网络拓扑状况就极为关键。如果集群只包含一个机架就无需做什么。但是对于多机架的集群来说，描述清楚节点—机架间的映射关系就很有必要。这样的话，当Hadoop将MapReduce任务分配到各个节点时，它会倾向于执行同一机架内的数据传输（拥有更多带宽），而非跨机架数据传输。HDFS将能够更加智能地放置副本数据以取得较好的性能。

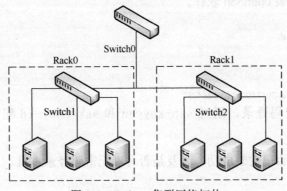

图2-1 Hadoop集群网络拓扑

2.3.2 Hadoop的安装方式

Hadoop的安装方式有单机模式、伪分布式模式、分布式模式三种。

1）单机模式：单机模式即非分布式模式（本地模式），是Hadoop的默认模式。它无需进行其他配置即可运行。非分布式即单Java进程，方便用户进行调试。

2）伪分布式模式：Hadoop可以在单节点上以伪分布式的方式运行。Hadoop进程以分离的Java进程来运行，节点既作为NameNode也作为DataNode。同时，Hadoop读取的是HDFS中的文件。

3）分布式模式（本教材不做详细讨论）：分布式模式使用多个节点构成集群环境来运行Hadoop。

1. 部署前准备

（1）在Linux上安装Hadoop之前，需要先安装两个程序：JDK 1.6或更高版本；安装SSH时推荐安装OpenSSH。安装java version "1.8.0_121"。

下面以Centos为例。

1）下载离线的安装包，解压安装包文件到指定目录，输入命令：

#tar xvf jdk-8u121-linux-x64.tar.gz -C /usr/lib/jvm/

2）配置环境变量，编辑配置文件/etc/profile，在文件尾部追加以下内容：

```
# vim /etc/profile
export JAVA_HOME=/usr/lib/jvm/jdk1.8.0_121
export PATH=$JAVA_HOME/bin:$PATH
export CLASSPATH=.:$JAVA_HOME/lib/dt.jar:$JAVA_HOME/lib/tools.jar
```

3）验证 JDK 是否安装成功输入命令：

```
#java -version
```

查看信息：

```
java version "1.8.0_121"
Java(TM) SE Runtime Environment (build 1.8.0_121-b13)
Java HotSpot(TM) 64-Bit Server VM (build 25.121-b13, mixed mode) 2.1.2
```

（2）配置 SSH 免密码登录。

1）确认已经安装 OpenSSH 软件。

```
# rpm -qi openssh
Name        : openssh
Version     : 6.6.1p1
Release     : 22.el7
Architecture: x86_64
Install Date: Wed 15 Mar 2017 02:05:25 PM CST
```

2）配置为无密码登录，通过 ssh-keygen 和 ssk-copy-id 配置所有节点无密码登录。

3）验证 SSH 是否已安装成功，以及是否可以无密码登录本机。

```
ssh localhost
```

会有如下显示：

```
The authenticity of host 'localhost (::1)' can't be established.
ECDSA key fingerprint is 16:a2:a6:b2:f6:c2:2f:b8:b2:ac:60:89:23:b6:f0:64.
Are you sure you want to continue connecting (yes/no)? yes
Warning: Permanently added 'localhost' (ECDSA) to the list of known hosts.
Last login: Fri Apr 14 00:58:28 2017 from localhost
```

这说明已经安装成功，第一次登录时会询问你是否继续链接，输入 yes 即可进入。

2. 单节点方式配置

Hadoop 单节点部署无须额外修改配置文件，并且只运行一个单独的 Java 进程，一般用于调试。当前我们使用的 Hadoop 版本为 2.7.3，下载地址为：

http://www.apache.org/dyn/closer.cgi/hadoop/common/hadoop-2.7.3/hadoop-2.7.3-src.tar.gz

下载完成后，将 hadoop-2.7.3.tar.gz 解压到目标文件下，如："/usr/local"文件夹下。

进入$HADOOP_HOME/etc 文件夹，修改配置文件：

```
Hadoop-env.sh:
export JAVA_HOME="/usr/lib/jvm/jdk1.8.0_121"
```

更改完之后，可以尝试查看 Hadoop 的版本信息验证是否安装成功，在 Hadoop 安装目录下运行以下命令：

```
# hadoop version
Hadoop 2.7.3
Subversionhttps://git-wip-us.apache.org/repos/asf/hadoop.git-rbaa91f7c6bc9cb92be5982de4719c1c8af91ccff
Compiled by root on 2017-08-18T01:41Z
```

Compiled with protoc 2.5.0
From source with checksum 2e4ce5f957ea4db193bce3734ff29ff4
This command was run using /usr/local/hadoop-2.7.3/share/hadoop/common/hadoop-common-2.7.3.jar

3. 伪分布式配置

我们可以把伪分布式的 Hadoop 看作是只有一个节点的集群。在集群中，这个节点既是 Master，也是 Slave（既是 NameNode，也是 DataNode；既是 JobTracker，也是 TaskTracker）。伪分布式的配置过程也很简单，只需要修改几个文件即可。首先，进入 Hadoop 安装路径配置文件夹下（当前安装路径/usr/local/hadoop-2.7.3/etc/hadoop），修改配置文件：

```
Hadoop-env.sh：
export JAVA_HOME="/usr/lib/jvm/jdk1.8.0_121"
```

编辑 core-site.xml 文件（包含 Hadoop 核心配置参数），添加 HDFS 集群的地址和端口：

```
<configuration>
<property>
<name>fs.Default.name</name>
<value>hdfs://localhost:9000</value>
</property>
</configuration>
```

编辑 hdfs-site.xml 文件（Hadoop 中 HDFS 的参数配置文件），数据块的副本数默认为 3，在伪分布的 Hadoop 中，需要将其改为 1。

```
<configuration>
<property>
<name>dfs.replication</name>
<value>1</value>
</property>
</configuration>
```

编辑 mapred-site.xml 文件（Hadoop 中 MapReduce 的配置文件），配置资源管理框架为 YARN。

```
<configuration>
<property>
<name>mapred.job.tracker</name>
<value>localhost:9001</value>
</property>
<property>
<name>mapreduce.framework.name</name>
<value>yarn</value>
</property>
</configuration>
```

编辑 yarn-site.xml 文件，配置 YARN 的资源管理器节点为 localhost。

```
<configuration>
<property>
<name>yarn.resourcemanager.hostname</name>
<value>localhost</value>
</property>
<property>
<name>yarn.nodemanager.aux-services</name>
```

```
<value>mapreduce_shuffle</value>
</property>
</configuration>
```

配置 slaves 文件,配置从节点为 localhost。

接下来,在启动 Hadoop 前,需格式化 Hadoop 的文件系统 HDFS,在 Hadoop 安装路径下输入下面的命令:

```
#./bin/hadoop NameNode -format
```

格式化文件系统,接下来启动 Hadoop。在 Hadoop 安装目录下输入命令:

```
#./sbin/start-all.sh
```

最后,验证 Hadoop 是否安装成功。可以通过命令查看进程:

```
# jps
8258 DataNode
8695 NodeManager
8428 Secondary NameNode
8588 ResourceManager
8125 NameNode
25583 Jps
```

用户也可以在本地打开 Firefox 浏览器,输入网址:http://localhost:50070。该地址为 HDFS 的主页,如果用户能够正常浏览网页说明安装成功。

2.4 华为 FusionInsight HD 安装部署

本节内容包括 FusionInsight HD 简介、FusionInsight HD 集成设计、FusionInsight HD 安装部署以及 FusionInsight HD 重要参数等内容。

2.4.1 FusionInsight HD 简介

FusionInsight 是华为面向企业客户推出的,基于 Apache 开源社区软件进行功能增强的企业级大数据存储、查询和分析的统一平台。它以海量数据处理引擎和实时数据处理引擎为核心,针对金融、运营商等数据密集型行业的运行维护、应用开发等需求,打造敏捷、智慧、可信的平台软件、建模中间件及 OM 系统,让企业可以更快、更准、更稳地从各类繁杂无序的海量数据中发现全新价值点和企业商机。

FusionInsight 解决方案由 4 个子产品 FusionInsight HD、FusionInsight LibrA、FusionInsight Miner、FusionInsight Farmer 和 1 个操作运维系统 FusionInsight Manager 构成。

FusionInsight HD:它是企业级的大数据处理环境,是一个分布式数据处理系统。FusionInsight HD 对外提供大容量的数据存储、分析查询和实时流式数据处理分析能力。

FusionInsight LibrA:它是企业级的大规模并行处理关系型数据库。FusionInsight LibrA 采用 MPP(Massive Parallel Processing)架构,支持行存储和列存储,提供 PB

(Petabyte，2 的 50 次方字节）级别数据量的处理能力。

FusionInsight Miner：它是企业级的数据分析平台。FusionInsight Miner 基于华为 FusionInsight HD 的分布式存储和并行计算技术，提供从海量数据中挖掘出价值信息的平台。

FusionInsight Farmer：它是企业级的大数据应用容器，为企业业务提供统一开发、运行和管理的平台。

FusionInsight Manager：它是企业级大数据的操作运维系统，提供高可靠、安全、容错、易用的集群管理能力。FusionInsight Manager 支持大规模集群的安装部署、监控、告警、用户管理、权限管理、审计、服务管理、健康检查、问题定位、升级和补丁等功能。

FusionInsight HD 在 FusionInsight 解决方案中的位置如图 2-2 所示。

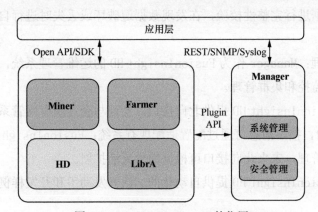

图 2-2 FusionInsight HD 的位置

华为 FusionInsight HD 发行版紧随开源社区的最新技术，快速集成最新组件，并在可靠性、安全性、管理性等方面做企业级的增强，持续改进，持续保持技术领先。FusionInsight HD 的企业级增强主要表现在以下几个方面。

1. 安全性

架构安全：FusionInsight HD 基于开源组件实现功能增强，保持 100%的开放性，不使用私有架构和组件。

认证安全：FusionInsight HD 基于用户和角色的认证统一体系，遵从账户/角色 RBAC（Role-Based Access Control）模型，实现通过角色进行权限管理，对用户进行批量授权管理。FusionInsight HD 支持安全协议 Kerberos，使用 LDAP 作为账户管理系统，并通过 Kerberos 对账户信息进行安全认证。FusionInsight HD 提供单点登录，统一了 Manager 系统用户和组件用户的管理及认证。FusionInsight HD 对登录 FusionInsight Manager 的用户进行审计。

文件系统层加密：Hive、HBase 可以对表、字段加密，其集群内部用户信息禁止明文存储。FusionInsight HD 对文件系统加密有两个特点：加密灵活及业务透明。加密灵活主要体现在加密算法插件化，可进行扩充，亦可自行开发。非敏感数据可不加密，不影响性能（加密约有 5%性能开销）。业务透明主要体现在上层业务只需指定敏感数据（Hive 表级、HBase 列族级加密），对加解密过程业务完全不感知。

2. 可靠性

所有管理节点组件均实现 HA（High Availability）：FusionInsight HD 是业界第一个实现所有组件HA的大数据产品,确保数据的可靠性、一致性。NameNode、Hive Server、HMaster、Resources Manager 等管理节点均实现 HA。

集群异地灾备：FusionInsight HD 是业界第一个支持超过 1000 千米异地容灾的大数据平台，为日志详单类存储提供了可靠性最佳实践。

数据备份恢复：FusionInsight HD 是表级别全量备份，增量备份，数据恢复（对本地存储的业务数据进行完整性校验，在发现数据遭破坏或丢失时进行自恢复）。

3. 易用性

统一运维管理：Manager 作为 FusionInsight HD 的运维管理系统，提供界面化的统一安装、告警、监控和集群管理。

易集成：FusionInsight HD 提供北向接口，实现与企业现有网管系统集成；它当前支持 Syslog 接口，接口消息可通过配置适配现有系统；FusionInsight HD 的整个集群采用统一的集中管理，未来北向接口可根据需求灵活扩展。

易开发：FusionInsight HD 提供自动化的二次开发助手和开发样例，帮助软件开发人员快速上手。

2.4.2 FusionInsight HD 集成设计

FusionInsight HD 集成设计主要包含组网设计、硬件设计和软件设计等方面的内容。

1. 组网设计

FusionInsight HD 集群的组网方案中包含三种节点，见表 2-1。

表 2-1　　　　　　　　　　　　FusionInsight 基本节点概念

概念	说　　明
管理节点	Management Node（MN），用于安装 FusionInsight Manager，即 FusionInsight HD 集群的管理系统。FusionInsight Manager 对部署在集群中的节点及服务进行集中管理
控制节点	Control Node（CN），控制节点控制并监控数据节点执行存储数据、接收数据、发送进程状态及完成控制节点的公共功能。FusionInsight HD 的控制节点包括 HMaster、HiveServer、ResourceManager、NameNode、JournalNode、SlapdServer 等
数据节点	Data Node（DN），执行管理节点发出的指示，上报任务状态、存储数据，以及执行数据节点的公共功能。FusionInsight HD 的数据节点包括 DataNode、RegionServer、NodeManager、LoaderServer 等

FusionInsight HD 整个系统网络划分为两个平面，即业务平面和管理平面。两个平面之间采用物理隔离的方式进行部署，保证业务、管理各自网络的安全性。业务平面通过业务网络接入，主要为上层业务用户提供业务通道，对外提供数据存取、任务提交及计算的能力。管理平面通过运维网络接入，提供系统管理和维护功能，主要用于集群的管理，对外提供集群监控、配置、审计、用户管理等服务。主备管理节点还支持设置外部管理网络的 IP 地址，用户可以通过外部管理网络进行集群管理。在典型配置下，FusionInsight HD 集群采用双平面组网，如图 2-3 所示。

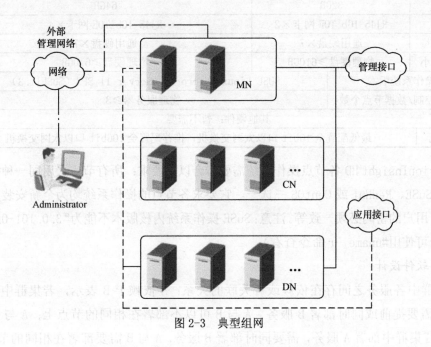

图 2-3　典型组网

具体的组网原则需要根据集群内节点数的规模来最终确定，FusionInsight HD 的组网原则见表 2-2。

表 2-2　组网原则

节点部署原则	组网规则	适用场景
管理节点、控制节点和数据节点分开部署	集群内节点划分到不同子网，各子网通过核心交换机三层互联，每个子网的节点数控制在 200 个以内，不同子网中节点数量请保持均衡	（推荐）节点数大于 200 节点的集群使用此场景，此方案至少需要 8 个节点
管理节点、控制节点合并，数据节点单独部署	集群内节点部署在同一子网，集群内通过汇聚交换机二层互联	（推荐）节点数大于等于 6，小于等于 200 节点的集群使用此场景
管理节点、控制节点和数据节点合并部署	集群内节点部署在同一子网，集群内通过汇聚交换机二层互联	节点数小于 6 的集群使用此场景且此方案至少需要 3 个节点。说明：生产环境或商用环境不推荐使用此场景

2. 硬件设计

华为 FusionInsight HD 支持通用的 X86 服务器，企业可根据自身需求灵活选择。安装 FusionInsight HD 的服务器配置要求见表 2-3。

表 2-3　　FusionInsight HD 服务器配置

硬件	最低配置	推荐配置
CPU	英特尔至强 E5-2620 v3×2	英特尔至强 E5-2620 v3×2
Bit-mode	64 位	64 位
内存	32GB	64GB
网卡	RJ45 1Gb_TOE 网卡×2	RJ45 1Gb_TOE 网卡×4
硬盘数量	通用硬盘×7	通用硬盘×7
硬盘大小	物理硬盘≥610GB	物理硬盘≥610GB
操作系统版本	SUSE Linux Enterprise Server 11 SP3 (SuSE11.3)	
管理/控制/数据节点个数	物理服务器≥3	
其他硬件：暂不需要		
交换机	最低配置全 1Gbit 口以太网交换机，推荐配置全 10Gbit 口以太网交换机	

FusionInsight HD 各节点操作系统需要符合以下要求：所有节点采用同一种操作系统，即 SuSE、RedHat 或 CentOS 三选一。它要求各节点的操作系统均为全新安装，各节点 root 用户的密码必须一致等。注意：SuSE 操作系统内核版本不能为 "3.0.101-0.40.1"（版本号可使用 #uname -r 命令查看）。

3. 软件设计

集群中各服务之间存在依赖或者关联的关系：A 依赖于 B 表示，若集群中部署 A 服务，需要提前或同时部署 B 服务。A 与 B 可以不部署在相同的节点上；A 与 B 关联表示，若集群中部署 A 服务，需要同时部署 B 服务。A 与 B 需要部署在相同的节点上。安装集群时只能安装一对 NameNode 和 Zkfc，当 HDFS 服务设置 HDFS Federation 需要部署多对 NameNode 和 Zkfc 时，FusionInsight HD 需要在集群安装完成后手动添加其余部分。

FusionInsight HD 各服务具体的部署原则见表 2-4。

表 2-4　　各服务角色的内存要求和部署原则

服务名称	角色名称	内存最小要求	依赖关系	角色业务部署原则
OMSServer	OMSServer	10GB		分别部署在 2 个管理节点上，主备配置
LdapServer	SlapdServer	500MB ～ 1GB		LdapServer 与 KrbServer 部署在相同的节点上。OMS 的 OLdap 集群：LS 分别部署在 2 个管理节点上，主备配置。LdapServer 集群：LS 分别部署在 2 个控制节点上，2 个实例均为 OLdap 集群的备用服务

(续表)

服务名称	角色名称	内存最小要求	依赖关系	角色业务部署原则
KrbServer	KerberosServer	3MB	KrbServer 依赖于 LdapServer 与 KerberosServer, 与 KerberosAdmin 关联	分别部署在 2 个控制节点上, 负荷分担, 与 SlapdServer、KerberosAdmin 部署在相同的节点上
	KerberosAdmin	2MB		分别部署在 2 个控制节点上, 负荷分担, 与 SlapdServer、KerberosServer 部署在相同的节点上
ZooKeeper	QP (QuorumPeer)	1GB		每个集群内配置 3 个在控制节点上。如需扩展, 请保持数量为奇数个, 最多支持 9 个实例
HDFS	NN (NameNode)	4GB	NameNode 与 Zkfc 关联依赖于 ZooKeeper	分别部署在 2 个控制节点上, 主备配置
	Zkfc (ZooKeeper FailoverController)	1GB		分别部署在 2 个控制节点上, 主备配置
	JN (JournalNode)	4GB		至少在控制节点上部署 3 个, 每个节点保留一份备份数据。如需保留超过三份以上备份数据, 可在控制或数据节点上部署多个, 请保持数量为奇数个
	DN (DataNode)	4GB		至少部署 3 个, 建议部署在数据节点上
	HttpFS	128MB		可部署 0~n 个, 与 DataNode 部署在相同的节点上
YARN	RM (ResourceManager)	2GB	依赖于 HDFS 和 ZooKeeper	分别部署在 2 个控制节点上, 主备配置
	NM (NodeManager)	2GB		部署在数据节点上, 与 HDFS 的 DataNode 保持一致
MapReduce	JHS (JobHistoryServer)	2GB	依赖于 YARN、HDFS 和 ZooKeeper	1 个集群内只能部署 1 个在控制节点上
DBService	DBServer	512MB		分别部署在 2 个控制节点上, 主备配置
Hue	Hue	1GB	依赖于 DBservice	分别部署在 2 个控制节点上, 主备配置
Loader	LS (LoaderServer)	2GB	依赖于 MapReduce、YARN、DBService、HDFS 和 ZooKeeper	分别部署在 2 个控制节点上, 主备配置
Spark	SR (SparkResource)	—	依赖于 YARN、Hive、HDFS、MapReduce、ZooKeeper 和 DBService	无实体进程, 不消耗内存。所有节点上都要部署, 非主备
	JH (JobHistory)	2GB		分别部署在 2 个控制节点上, 非主备
	JS (JDBCServer)	2GB		分别部署在 2 个控制节点上, 主备配置
Hive	HS (HiveServer)	4GB	依赖于 DBService、MapReduce、HDFS、YARN 和 ZooKeeper	至少在控制节点上部署 2 个。可部署多个在控制节点上, 负荷分担
	MS (MetaStore)	2GB		至少在控制节点上部署 2 个。可部署多个在控制节点上, 负荷分担
	WebHCat	2GB		至少在控制节点上部署 1 个。可部署多个在控制节点上, 负荷分担

（续表）

服务名称	角色名称	内存最小要求	依赖关系	角色业务部署原则
HBase	HM（HMaster）	1GB	依赖于 HDFS、ZooKeeper 和 YARN	分别部署在 2 个控制节点上，主备配置
	RS（RegionServer）	6GB		部署在数据节点上，与 HDFS 的 DataNode 保持一致
	TS（ThriftServer）	1GB		每个集群部署 3 个在控制节点上。若 ThriftServer 访问 HBase 延时不能满足用户需求的时候，可以部署多个在控制或者数据节点上
FTP-Server	FTP-Server	1GB	依赖于 HDFS 和 ZooKeeper	每个实例默认提供 16 个并发通道，当所需并发数更大时，可部署最多 8 个实例。不建议部署在控制节点和 DataNode 所在节点上，当部署到 DataNode 节点时，可能存在数据不均衡的风险
Flume	Flume	1GB	依赖于 HDFS 和 ZooKeeper	建议单独部署，不建议 Flume 和 DataNode 部署在同一节点，否则会存在数据不均衡的风险
	MonitorServer	128MB		分别部署在 2 个控制节点上，非主备
Kafka	Broker	1GB	依赖于 ZooKeeper	至少在数据节点上部署 2 个。若每天产生的数据量超过 2TB，建议部署多个在数据节点上
Metadata	Metadata	512MB	依赖于 DBService	1 个集群内只能部署 1 个在控制节点上
Oozie	Oozie	1GB	依赖于 DBService、YARN、HDFS、MapReduce 和 ZooKeeper	分别部署在 2 个控制节点上，主备配置
Solr	SolrServerN（N=1~5）	2GB	依赖于 ZooKeeper	每个节点可以配置 5 个实例。建议配置 3 个以上节点，每个节点上的实例个数均匀分布
				数据条目在 10 亿以下时，建议配置 3 个实例在数据节点上
				数据条目在 10 亿~20 亿时，建议配置 8~12 个实例在数据节点上
				数据条目在 20 亿以上时，建议配置在 3 个或以上独立于 DataNode 所在节点之外的数据节点上，每个节点配置 5 个实例
	SolrServerAdmin	2GB		分别部署在 2 个数据节点上，非主备
	HBaseIndexer	512MB	依赖于 HBase、HDFS 和 ZooKeeper	建议每个 SolrServer 实例所在节点均部署一个
SmallFS	FGCServer	6GB	依赖于 MapReduce、YARN、HDFS 和 ZooKeeper	分别部署在 2 个控制节点上，主备配置

(续表)

服务名称	角色名称	内存最小要求	依赖关系	角色业务部署原则
Streaming	Logviewer	256MB		根据 Supervisor 的部署情况进行规划，每个部署 Supervisor 的节点也需要部署 Logviewer
	Nimbus	1GB	依赖 ZooKeeper	分别部署在两台控制节点上，主备配置，和 UI 是联动关系
	UI	1GB	依赖 ZooKeeper	分别部署在两台控制节点上，和 Nimbus 是联动关系（部署 Nimbus 节点肯定会有 UI）
	Supervisor	1GB		至少部署在一台数据节点上，如需提供大量计算能力，可部署多个，建议部署在独立节点上。主要负责管理工作进程（Worker），工作进程数量、内存可配置，对资源占用较大
Redis	Redis_1、Redis_2、Redis_3……Redis_32	1GB	依赖 DBService	单 Master 模式 Redis 至少部署在一台数据节点上，如需部署 Redis 集群，则至少要部署到三台数据节点上

2.4.3 FusionInsight HD 安装部署

2.4.3 节将根据 2.4.2 节 FusionInsight HD 集成设计部分内容，进行 FusionInsight HD 的安装部署。

1. 部署前准备

假设集群中有三个节点，根据组网原则进行组网设计具体的网络信息见表 2-5。

表 2-5　　　　　　　　　　　组网规划数据一览表

数据名称	数据说明	取值样例
节点管理 IP 地址	各节点管理平面的 IP 地址	192.168.3.41/24 192.168.3.42/24 192.168.3.43/24
节点业务 IP 地址	各节点业务平面的 IP 地址	192.168.4.41/24 192.168.4.42/24 192.168.4.43/24
浮动 IP 地址	OMSServer 浮动 IP、接口、子网掩码、网关（管理平面）	192.168.3.40、eth0:oms、255.255.255.0、GW:192.168.3.254
	OMWebService 浮动 IP、接口、子网掩码、网关（管理平面）。该地址用来访问 FusionInsight Manager	192.168.3.45、eth0:web、255.255.255.0、GW:192.168.3.254

(续表)

数据名称	数据说明	取值样例
浮动IP地址	DBService 浮动 IP、网关（业务平面） Loader 浮动 IP（业务平面）、 Solr 浮动 IP（业务平面）、 LdapServer 浮动 IP、网关（业务平面）	192.168.4.47/24、GW:192.168.4.254 192.168.4.48/24 192.168.4.49/24 192.168.4.50/24、GW:192.168.4.254
用户名和密码	操作系统的 root 用户密码 FusionInsight HD 系统的初始用户名和密码	root 用户安装： 密码：Huawei123! admin、Admin@123
主机名	由数字或字母开头，只能由数字"0—9"、字母"a—z A—Z"、中划线"-"组成，不能为纯数字，不能有下划线"_"，且必须唯一。主机名与业务平面 IP 地址保持一一映射关系，即每个主机名对应唯一一个业务平面 IP 地址，每个业务平面 IP 地址对应唯一一个主机名	fihost01 fihost02 fihost03

根据硬件配置，我们选择最低配置的服务器进行安装部署，见表2-6。

表 2-6　　　　　　　　　　服务器硬件配置

虚拟机硬件	最低配置
CPU	Intel 4 核×2
Bit-mode	64 位
内存	32GB
网卡	HW_X_NET×2
硬盘数量	Virtual Disk×7
硬盘大小	Thin Virtual Disk≥610GB
交换机	最低配置全 1Gbit 口以太网交换机，推荐配置全 10Gbit 口以太网交换机
管理/控制/数据节点个数	虚拟机个数×3

（1）准备文档

《配置规划工具》用于生成安装过程中所需的配置文件。

《配置规划工具》对应下载链接：http://support.huawei.com/enterprise/zh/doc/DOC1000104119/

（2）准备 FusionInsight HD 软件

根据各节点安装的操作系统，用户获取相应的 FusionInsight HD 软件安装包。对应软件包文件名称如下：

FusionInsight_HD_V100R002C60SPC200_SLES.part1.rar
FusionInsight_HD_V100R002C60SPC200_SLES.part2.rar

对应软件下载链接：http://support.huawei.com/enterprise/zh/cloud-computing/fusioninsight-hd-pid-21110924/software/21830200/?idAbsPath=fixnode01%7C7919749%7C7919788%7C19942925%7C21110924

2. 安装部署过程

FusionInsight HD 的整个安装过程主要有以下几个步骤：安装配置 SUSE Linux、检验软件包、生成配置文件、配置并检查安装环境、安装双击 Manager、安装集群。

（1）安装配置 SUSELinux

用户按硬件规划安装 SUSELinux，配置主机网络信息及配置网络信息。

```
# cat /etc/sysconfig/network/ifcfg-eth0
BOOTPROTO='static'
BROADCAST='192.168.3.255'
IPADDR='192.168.3.41'
NETMASK='255.255.255.0'
STARTMODE='auto'
# cat /etc/sysconfig/network/ifcfg-eth1
BOOTPROTO='static'
BROADCAST='192.168.3.255'
IPADDR='192.168.4.41'
NETMASK='255.255.255.0'
STARTMODE='auto'
# cat /etc/sysconfig/network/routes
default 192.168.3.1 - -
192.168.4.41 192.168.4.1 255.255.255.0 eth1
```

配置主机名。

```
# cat /etc/HOSTNAME
finode01
```

配置 dns 网络解析，即更改 host 文件，在文件尾添加如下内容。

```
# tail-n 3 /etc/hosts
192.168.3.42 finode02
192.168.3.43 finode03
192.168.3.41 finode01
```

用户重复以上步骤配置其余两个服务器节点。

（2）检验软件包

用户可在服务器节点上执行 sha256sum 命令，进行校验。例如 sha256 文件为"FusionInsight_HD_V100R002C60SPC200_SLES.tar.gz.sha256"。

```
#sha256sum -c FusionInsight_HD_V100R002C60SPC200_SLES.tar.gz.sha256
FusionInsight_HD_V100R002C60SPC200_SLES.tar.gz: OK
```

解压软件包，执行 tar 命令，解压软件包文件，例如软件包为"FusionInsight_HD_V100R002C60SPC200_SLES.tar.gz"。

```
#tar -zxvf FusionInsight_HD_V100R002C60SPC200_SLES.tar.gz
```

拷贝 FusionInsight_HD_V100R002C60SPC200_SLES.tar.gz 至第二个虚拟机并解压缩，为安装双击 Manager 做准备。

在服务器节点挂载操作系统镜像。

```
#mount /opt/SLES-11-SP3-DVD-x86_64-GM-DVD1.iso /media/ -o loop
```

检查 OS 的编码格式是否符合要求。

```
# locale
LANG=POSIX
```

```
LC_CTYPE=en_US.UTF-8
......
```

显示是则完成检测；否则在 SUSE 系统下执行 vim /etc/sysconfig/language，将"RC_LANG"的值修改为"en_US.UTF-8"，并保存退出，重启操作系统后配置生效。

（3）生成配置文件

用户在 PC 端配置基本信息打开《配置规划工具》，如图 2-4 所示。用户根据服务配置规划工具说明以及服务需求进行配置规划，生成配置文件并保存到本地路径，如"D:\Test\"。用户并将生成的配置文件上传到服务器对应的路径中，如"/opt/FusionInsight/software"。

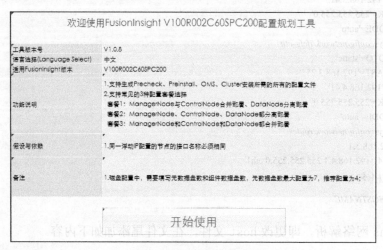

图 2-4　配置规划工具

（4）配置并检查安装环境

配置并检查安装环境主要有两个脚本"preinstall"和"precheck"。

"preinstall"检查内容如下：

适配 OS：修改 OS 配置，使 OS 满足 FusionInsight HD 的安装要求。

补齐 RPM 包：自动补齐 OS 缺失的 RPM 包。

格式化分区：自动对服务器磁盘进行格式化，使磁盘满足 FusionInsight HD 的分区要求。

"preinstall"过程中会使用"haveged"工具或者"rng-tools"工具配置各节点操作系统熵值以满足 FusionInsight HD 的安装要求。

"preinstall"过程完成后会在所有节点的操作系统中创建一个 statmon 服务，用于收集操作系统运行时的状态，该服务在卸载集群和 Manager 后仍然在操作系统中存在，不会影响集群的再次安装。

"preinstall"过程完成后会在所有节点的操作系统中创建一个 diskmgt 进程。该进程用于磁盘管理，当节点中某一磁盘故障时，将该磁盘的任务自动切换到备用磁盘。该进程在卸载集群和 Manager 后仍然在操作系统中存在。卸载方式请参考《FusionInsight HD

V100R002C60SPC200 Shell 操作维护命令说明书》。该说明文档下载地址：http://support.huawei.com/enterprise/zh/cloud-computing/fusioninsight-hd-pid-21110924。

"precheck"检查节点环境是否满足 FusionInsight HD 的安装要求，见表 2-7。

表 2-7　　　　　　　　　　"precheck"检查项列表

检查类别	检查项
硬件	检查所有节点的 CPU
	检查所有节点的内存容量
	检查所有节点的磁盘数量
	检查所有节点的磁盘容量和磁盘挂载方式 Red Hat 和 CentOS 挂载方式为 "UUID" SUSE 挂载方式为 "by-id"
	检查磁盘分区剩余空间
系统配置	检查所有节点的主机名
	检查配置文件中的路径是否存在
	检查 "/etc/hosts" 文件配置是否正确
	检查主机名是否符合命名规范
	使用 root 用户安装集群时，检查操作系统中是否包含 omm 用户或 ID 为 2000 的用户
	检查 ntp 服务是否已经启动
	检查系统默认或当前的共享内存是否满足 GaussDB 要求
	检查 "Swap" 分区是否关闭
	检查各节点服务器时区
	检查对 Omm-j（包括 GaussDB）的依赖
	检查所有节点是否存在 expect 命令
	检查 "etc/ntp.conf" 文件内容是否为空
	检查 "/etc/sudoers" 文件配置是否正确
	检查操作系统中是否已安装其他版本的 Hadoop 程序
	检查操作系统中是否已运行 ipmi、ldap/slapd、ntp/ntpd、sshd、nscd/sssd 服务
	检查 sysctl 服务是否可以正常重启
	检查操作系统是否使用 "haveged" 工具或者 "rng-tools" 工具配置熵值
RPM 包	检查是否安装 "python"
	检查 "python" 版本配置是否正确
	检查 SSH 是否安装
	检查各组件依赖的 RPM 包
	检查对 "lib64.so" 的依赖
	检查 "nss-softokn" 和 "nss-util" RPM 包是否安装，且版本是否符合要求
操作系统	检查操作系统版本
	检查系统内核版本是否符合要求

进入解压目录，例如 "/opt/FusionInsight/software/preinstall"，检查配置规划工具生成的 preinstall.ini 是否已上传到此目录。

```
#cd /opt/FusionInsight/software/preinstall
#cat preinstall.ini
```

```
g_hosts="192.168.3.41,192.168.3.42,192.168.3.43"
g_user_name="root"
g_port=22
g_parted=2
g_parted_conf="192.168.3.41:host0.ini;192.168.3.42:host1.ini;192.168.3.43:host2.ini;"
g_add_pkg=1
g_pkgs_dir="suse-11.3:/media/"
g_log_file="/tmp/fi-preinstall.log"
g_debug=0
g_hostname_conf="192.168.3.41:192.168.3.41:finode01;192.168.3.42:192.168.3.42:finode02;192.168.3.43:192.168.3.43:finode03;"
g_swap_off=1
g_feed_random_setup=1
```

执行安装前配置命令，"preinstall"过程结束后，默认会自动继续进行"precheck"过程。

```
#cd /opt/FusionInsight/software/preinstall
./preinstall.sh
Please enter cluster SSH password:          #输入 root 的密码
*****FusionInsight Preinstall*****
**********************************
***** Time:2327s
***** Running:0
***** Success:3
***** Failure:0
***** Total:3
***** Schedule:100%
==============FusionInsight PreCheck is starting...==============
[INFO] start checking each hosts.
[INFO] localhost: start parsing the configuration file.
[INFO] localhost: parse the configuration file success.
[INFO] localhost: start divide the global config file to get configurations for each host.
[INFO] localhost: divide the global config file for each host success.
[INFO] localhost: start transferring scripts to host 192.168.3.42/root.
[INFO] localhost: start transferring scripts to host 192.168.3.41/root.
[INFO] localhost: start transferring scripts to host 192.168.3.43/root.
[INFO] localhost: transfer success, start checking the host 192.168.3.41
[INFO] localhost: transfer success, start checking the host 192.168.3.42
[INFO] localhost: transfer success, start checking the host 192.168.3.43
[INFO] localhost: finish checking the host 192.168.3.43.
[INFO] localhost: finish checking the host 192.168.3.42.
[INFO] localhost: finish checking the host 192.168.3.41.
============Summary Output============
Environment check success.#表示安装成功。
```

（5）安装双机 Manager

安装主 Manager。进入解压目录，例如 "/opt/FusionInsight/software"，检查配置规划工具生成的 HostIP.ini 文件（以 "/install_oms/192.168.3.41.ini" 为例）是否已上传到此目录。

```
#cd /opt/FusionInsight/software
#cat install_oms/192.168.3.41.ini
[HA]
ha_mode=double
local_ip1=192.168.3.41
```

```
local_ip2=
local_ip3=
local_ip4=
peer_ip1=192.168.3.42
peer_ip2=
peer_ip3=
peer_ip4=
ws_float_ip=192.168.3.45
ws_float_ip_interface=eth0:web
ws_float_ip_netmask=255.255.255.0
ws_gateway=192.168.3.1
om_float_ip=192.168.3.40
om_float_ip_interface=eth0:oms
om_float_ip_netmask=255.255.255.0
om_gateway=192.168.3.1
ntp_server_ip=
om_mediator_ip=192.168.3.1
sso_ip=
sso_port=
bigdata_home=/opt/huawei/Bigdata
bigdata_data_home=/srv/BigData
[/HA]
```

执行安装 Manager 命令，等待安装执行完毕。

```
fihost01:/opt/FusionInsight/software# ./install.sh -f /opt/FusionInsight/software/install_oms/192.168.3.41.ini
===============================Welcome===============================
=== STEP 1 Checking the parameters.
=== STEP 2 Preparing for installation components.          [done]
=== STEP 3 Installing the package.                         [done]
=== STEP 4 Waiting for ntp to startup.                     [done]
========================= Install Successfully =======================
Please visit http://192.168.3.45:8080/web/ to continue cluster installation.
```

Installation is successful.#表示安装成功。

安装备用 Manager。进入解压目录，例如"/opt/FusionInsight/software"，检查配置规划工具生成的 HostIP.ini 文件（以"/install_oms/192.168.3.42.ini"为例）是否已上传到此目录。

```
#cd /opt/FusionInsight/software
#cat install_oms/192.168.3.42.ini
[HA]
ha_mode=double
local_ip1=192.168.3.42
local_ip2=
local_ip3=
local_ip4=
peer_ip1=192.168.3.41
peer_ip2=
peer_ip3=
peer_ip4=
ws_float_ip=192.168.3.45
ws_float_ip_interface=eth0:web
ws_float_ip_netmask=255.255.255.0
ws_gateway=192.168.3.1
om_float_ip=192.168.3.40
```

```
om_float_ip_interface=eth0:oms
om_float_ip_netmask=255.255.255.0
om_gateway=192.168.3.1
ntp_server_ip=
om_mediator_ip=192.168.3.1
sso_ip=
sso_port=
bigdata_home=/opt/huawei/Bigdata
bigdata_data_home=/srv/BigData
[/HA]
```

执行安装Manager命令，#./install.sh -f /opt/FusionInsight/software/install_oms/192.168.3.42.ini

当提示浮动地址已经存在网络当中确认地址后选择"y"，并按回车键确认，等待安装执行完毕。

```
fihost02:/opt/FusionInsight/software# ./install.sh -f /opt/FusionInsight/software/install_oms/192.168.3.42.ini
=================================Welcome=================================
=== STEP 1 Checking the parameters.
The ws_float_ip(192.168.3.45) already exists on the network. Is it used on the active OMS HA? (y/n):y
The om_float_ip(192.168.3.45) already exists on the network. Is it used on the active OMS HA? (y/n):y
=== STEP 2 Preparing for installation components.              [done]
=== STEP 3 Installing the package.                             [done]
=== STEP 4 Waiting for ntp to startup.                         [done]
============================= Install Successfully =============================
Please visit http://192.168.3.45:8080/web/ to continue cluster installation.
```

Installation is successful. #表示安装成功。

（6）安装集群

用户可登录FusionInsight Manager安装集群，在浏览器地址栏中，输入FusionInsight Manager的网络地址。地址格式为http://FusionInsightManager IP:8080/web。例如，在浏览器地址栏中，用户输入"http://192.168.3.45:8080/web"，登录之后按照步骤进行集群安装，如图2-5所示。

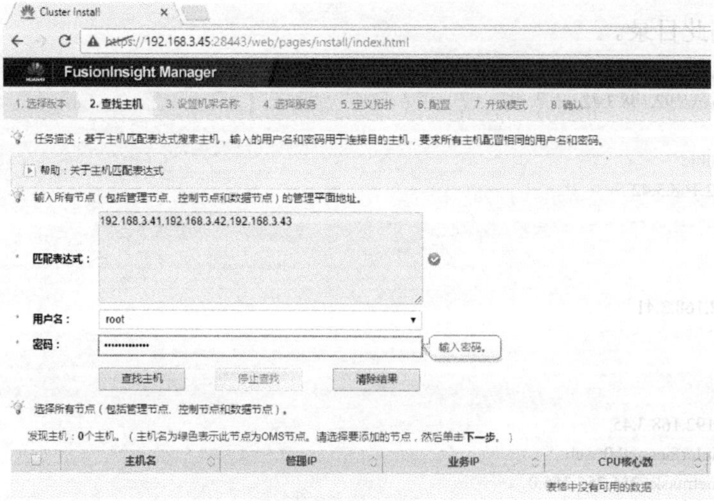

图2-5 配置集群信息

待集群安装并启动完成后,检查服务状态,如图 2-6 所示。

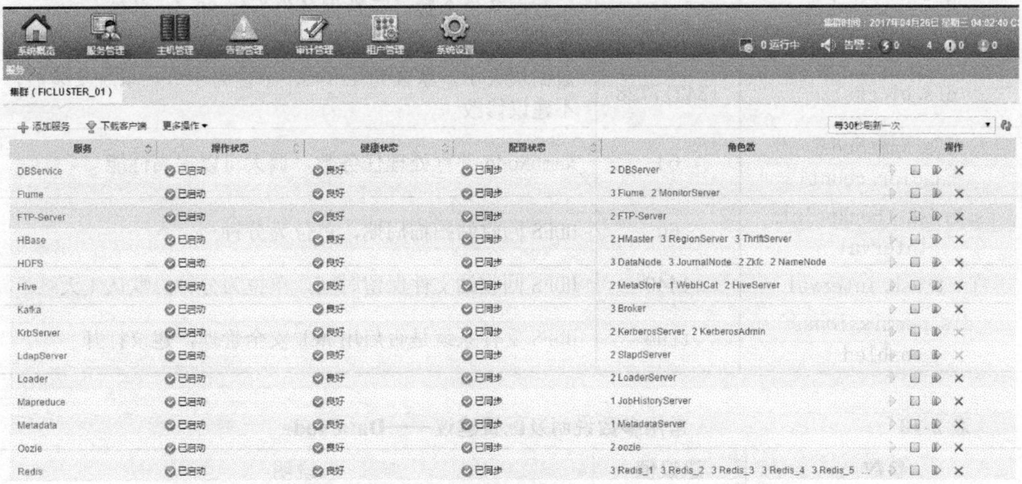

图 2-6 集群服务状态检查

至此,FusionInsight HD 完成安装。

2.4.4 FusionInsight HD 重要参数配置

FusionInsight HD 中有大量的参数配置,下面简单列出 HDFS、NameNode、DataNode 的一些常用配置,见表 2-8、表 2-9 及表 2-10。更加详细的参数配置说明可参考《FusionInsight HD V100R002C60U20 参数配置说明书》,对应的获取链接为:http://support.huawei.com/enterprise/zh/doc/DOC1000130513?idPath=7919749%7C7919788%7C19942925%7C21110924

表 2-8 常用参数说明及配置建议——HDFS

参数	建议值	说明
dfs.replication	3	HDFS 存储数据的副本数。建议为 3 份。修改后,HDFS 将全局刷新副本数
dfs.client.block.write.replace-DataNode-on-failure.replication	2	客户端在写入数据时,会强制要求所有数据写入成功,否则就写入失败。当数据节点数为 3 台时,建议修改为 2,以防止数据节点复位,写入失败
dfs.NameNode.rpc.port	8020	HDFS 内部 RPC 的通信端口
dfs.NameNode.http.port	25000	HDFS HTTP 服务的端口

表 2-9 常用参数说明及配置建议——NameNode

参数	建议值	说明
dfs.NameNode.image.backup.enable	true	NameNode 元数据是否周期备份到 OMS 服务器上。备份文件在"系统设置"—"备份管理"可以看到

(续表)

参数	建议值	说明
dfs.NameNode.image.backup.nums	48	元数据备份个数，元数据备份为每 30min 备份一次，一天可以产生 48 个元数据备份
dfs.blocksize	134217728	数据块大小，默认为 128MB，单位为字节。系统安装后，不建议修改
dfs.NameNode.handler.count	64	NameNode 并行处理任务数，调大可以提高性能
fs.trash.checkpoint.interval	60	HDFS 回收站扫描周期，单位为分钟
fs.trash.interval	1440	HDFS 回收站文件保留时间，单位为分钟，默认 1 天
dfs.permissions.enabled	true	HDFS 文件系统是否启用 ACL 安全管理，建议打开

表 2-10　　常用参数说明及配置建议——DataNode

参数	建议值	说明
dfs.blocksize	134217728	数据块大小，默认为 128MB，单位为字节。系统安装后，不建议修改
dfs.DataNode.handler.count	8	DataNode 并行处理任务数，调大可以提高性能
dfs.DataNode.directoryscan.interval	21600	DataNode 数据块校验周期，此功能用于检查损坏的数据块。默认为 21 天。参数单位为小时
dfs.DataNode.balance.bandwidthPerSec	20971520	HDFS Balancer 功能的最高流量，调大后能缩短 Balancer 时间，但会占用较多网络带宽
dfs.DataNode.data.dir.perm	700	DataNode 创建存储目录的默认权限，能防止数据被非 root 账号非法读取

2.5　本章总结

　　本章主要介绍了 Hadoop 大数据处理平台，目前 Hadoop 开源软件是主流的大数据处理平台架构。Hadoop 是 Apache 软件基金会旗下的一个开源分布式计算平台，它是基于 Java 语言开发，具有很好的跨平台特性，并且可以部署在廉价的计算机集群中。

　　Hadoop 的核心是分布式文件系统（HDFS）和分布式计算框架（MapReduce）。Hadoop 在 Hadoop 2.0 时推出了资源调配管理系统（YARN），可支持在同一集群中接入多种框架，如 Spark 和 Storm 等。对于 Hadoop 生态系统中的其他组件，本章也做了简单介绍，如大数据数据库（HBase）、大数据数据仓库（Hive）、大数据数据转换工具（Sqoop）、大数据日志处理工具（Flume）、大数据协调服务（ZooKeeper）、大数据工作流管理程序（Oozie），安全认证技术（Kerberos）和 LDAP、大数据查询系统（Impala）、大数据搜索系统（Solr）和大数据消息订阅系统（Kafka）。

本章最后介绍了 Hadoop 的安装部署以及华为基于 Hadoop 开发的企业增强级大数据平台 FusionInsight HD 的安装部署。

练习题

一、选择题

1. （多选）Hadoop 的两大核心组件是（　　）

A. HDFS　　　　B. HBase　　　　C. ZooKeeper　　　　D. MapReduce

2. 以下不属于 Hadoop 的安装模式的是（　　）

A. 单机模式　　B. 多机模式　　C. 伪分布式模式　　D. 分布式模式

3. ZooKeeper 使用什么语言编写（　　）

A. C　　　　　B. C++　　　　　C. C#　　　　　　　D. Java

4. （多选）有关 HBase 说法正确的有（　　）

A. 分布式数据库　　　　　　　B. 列式数据库
C. 非关系型数据库　　　　　　D. 不适合存储非结构化数据

二、简答题

1. HDFS 和 MapReduce 分别有什么作用？
2. 简述 YARN 的作用。
3. 简述 Sqoop 的作用。
4. Kafka 的三个关键功能是什么？

第3章
大数据存储技术（HDFS）

3.1 概述

3.2 HDFS的相关概念

3.3 HDFS体系架构与原理

3.4 HDFS接口及其在FusionInsight HD编程中的实践

3.5 本章总结

练习题

大数据时代海量数据的存储对文件系统的存储容量、数据吞吐率提出了很高的要求。本地文件系统构建于单台物理计算机之上，其存储能力和数据传输能力受限于所在物理计算机的性能，难以支持大数据的存储。Hadoop 分布式文件系统（Hadoop Distributed File System，HDFS）是 Hadoop 的核心组件，可以将数据分布式地存储在由通用 X86 服务器组成的计算机集群中，具有良好的扩展性。HDFS 通过副本机制提供良好的容错能力，集群中少量计算机故障造成的数据丢失并不影响数据的可靠性。HDFS 可存储超大文件，具有较好的数据读写性能，可以满足大数据存储的需求。

本章讲述了 HDFS 的核心原理及应用场景，主要包括 HDFS 的基本概念、体系架构与原理，还介绍了 HDFS 接口及其在 FusionInsight HD 编程中的实践。

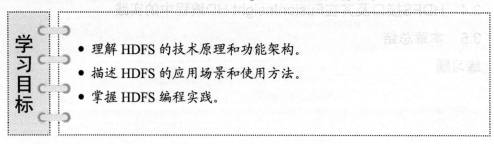

学习目标
- 理解 HDFS 的技术原理和功能架构。
- 描述 HDFS 的应用场景和使用方法。
- 掌握 HDFS 编程实践。

3.1 概述

本节主要介绍分布式系统（Distributed File System，DFS）的概念与作用、HDFS 的特点及其不适合的应用场景。

3.1.1 分布式文件系统的概念与作用

传统文件系统构建于单台物理计算机上,随着数据的增加,其需要通过挂载新的存储介质来扩容。对于超过单台物理计算机存储能力的大型数据集,需要将其划分为若干部分分别存储在网络中的不同计算机中。分布式文件系统是一种将文件分布存储在网络中多个计算机节点上的文件系统。分布式文件系统需要涉及网络中多台计算机,比本地文件系统更为复杂。

3.1.2 HDFS 概述

HDFS 即 Hadoop Distributed File System,是 Hadoop 的核心组件,是基于 Google 发布的 GFS 论文设计开发,运行于通用 X86 服务器之上的分布式文件系统,具有高容错、高吞吐、大文件存储等特点。

1. HDFS 的设计理念

HDFS 可存储超大文件,采用流式数据访问模式,运行于通用 X86 服务器上,根据以下几个假设和目标进行设计。

- **硬件失效**。Hadoop 集群中存在大量计算机节点,对于庞大的集群来说,节点故障的几率较高。容忍硬件出错是 HDFS 的一个设计目标。HDFS 被设计成在某个节点发生故障时,可以及时由其他正常节点继续向用户提供服务。
- **流式数据访问**。HDFS 的上层应用更多用于批量处理,而不是用户的交互式使用。为了提高数据吞吐率,HDFS 放松了一些 POSIX 的要求,采用流式数据访问方式。数据集通常由数据源生成或复制而来,响应上层应用请求。每次请求都将涉及该数据集的大部分甚至全部数据,应用程序更关注数据吞吐量而不是响应时间。
- **超大文件**。运行在 HDFS 的应用程序通常需要处理较大的数据集,典型的文件大小为从 GB 到 TB 级别。
- **简化的数据一致性模型**。HDFS 采用 WORM(Write Once Read Many,一次写入多次读取)的数据读写模型。文件写入一旦完成,仅支持尾部追加,不允许在其他位置上做修改。HDFS 采取了简化的数据一致性模型,从而提高了数据吞吐效率。
- **多硬件平台支持**。HDFS 可方便地运行在不同的平台上,如 Linux 集群、各类云平台等。
- **移动计算能力比移动数据更划算**。计算和存储采用就近原则,计算离数据最近。如果应用程序在其运行的数据附近执行,而不是将数据移动到其他节点进行计算,则应用程序所请求的计算效率更高。当数据很大时,这一点尤其如此。就近原则可以最大限度地减少网络拥塞并提高系统的整体效率。

2. HDFS 不适合的应用场景

基于以上的设计思路，HDFS 在某些特殊的应用场景也有一些局限性，具体如下。

- **低时间延迟的数据访问**。HDFS 采用流式数据读取方式，具有较高的数据吞吐率，这是以牺牲时间延迟为代价的。对于低延迟的访问需求，可以采用分布式数据库——HBase。
- **大量的小文件**。HDFS 使用名称节点（NameNode）管理文件系统中的元数据。为了使用户可以快速检索到文件位置，NameNode 将这些元数据存储在内存中。每个文件、目录和数据块（文件系统中进行读/写的最小单位）的存储信息大约占数百字节。比如，同样大小的数据量，第一种情况是系统中有一百万个文件，且每个文件占一个数据块；第二种情况是系统中有一个大文件占一百万个数据块，后者的元数据的内存开销远小于前者。存储大量小文件在 NameNode 上会有较大的内存开销，会给系统性能带来诸多问题。
- **多用户写入，任意修改文件**。HDFS 中的文件只允许单用户执行写操作，不支持并发多个用户写入。HDFS 写操作不支持在文件的任意位置进行修改，只能将数据添加在文件的末尾。

3.2 HDFS 的相关概念

本节主要介绍 HDFS 块、NameNode、Secondary NameNode、DataNode 等基本概念。

3.2.1 块

每个磁盘都有固定的数据块大小，数据块是磁盘进行读/写操作的最小单位。构建在单个磁盘之上的文件系统也有自己的数据块大小，文件系统数据块的容量大小为磁盘数据块的整数倍。磁盘的数据块一般为 512 字节，文件系统数据块一般为几千字节。

HDFS 中也有块的概念，并且块是实现分布式存储的重要特性，默认块的大小为 128MB（HDFS2.0 及以上版本）。与单机文件系统相同，HDFS 上的文件会被分为若干个块进行存储。但在 HDFS 中，小于一个块的数据不会占据整个块的存储空间。

将分布式文件系统里的文件以块的形式进行存储有如下优点。

- **大文件的存储**。大于单个磁盘容量的文件可以以若干个块的形式存储在集群中不同的磁盘中，在读取时通过内部的校验机制将这些分散的块重新组合。这种存储方式使分布式文件系统可以存储的单个文件大小的上限远远大于本地文件系统。

- **简化系统的设计**。块的应用简化了两个方面：一是简化了存储的管理，以固定大小的数据块进行存储，方便计算一个节点可以存储多少数据块；二是方便元数据（例如文件权限）的管理，元数据不需要与数据块存储在一起，可以由其他系统进行管理。
- **提供数据容错能力和提高可用性**。每个块以冗余副本的方式存储在多个节点上，可以确保在块、磁盘或机器发生故障后数据不会丢失。如果发现有数据块、磁盘或机器不可用，系统会从其他副本读取数据，并从正常可用的数据中恢复丢失的数据副本，以保证该数据块的可用性和容错能力。

3.2.2 NameNode

NameNode 是 HDFS 集群的管理节点，负责管理和维护 HDFS 集群的命名空间以及元数据信息并管理集群中的数据节点，如图 3-1 所示。NameNode 上有两个很重要的文件——EditLog 和 FSImage。EditLog 用于记录针对文件的操作（包括文件的创建、删除、重命名）。FSImage 用于维护整个系统的命名空间，包括数据块到文件的映射和文件的属性等。

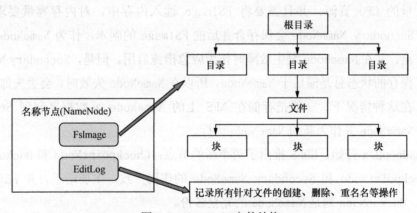

图 3-1　NameNode 文件结构

NameNode 在启动时会将 FSImage 的文件内容读入内存中，并执行 EditLog 上的操作记录，将 EditLog 上的信息记录并应用在 FSImage 上，NameNode 会将更新到最新状态的 FSImage 从内存中保存到本地磁盘，删除旧的 EditLog 并生成空的 EditLog 文件，接下来对文件系统元数据的操作就会记录在新的 EditLog 里。

NameNode 启动时处于一个称为 SafeMode（安全模式）的特殊状态，不对外提供写服务。NameNode 从集群中的 DataNode 接收心跳和 BlockReport（数据块列表），确认 DataNode 的状态。BlockReport 包含 DataNode 承载的数据块列表，NameNode 不对 BlockReport 做持久化存储。每个块具有指定的最小数量的副本。当 NameNode 发现数据块达到最小副本数时，数据块被认为是安全的。一定比例（参数可配置）的数据块被确认为安全时，NameNode 退出 SafeMode 状态。退出 SafeMode 状态后，NameNode 会确定不安全的数据块列表，执行复制操作使这些数据块达到最小副本数。

在 NameNode 正常运行期间，FSImage 是一直运行在内存里的，这样可以快速响应客户端的读/写请求，减少查找节点和数据块的时间开销。

3.2.3 Secondary NameNode

如果运行 NameNode 服务的机器发生故障，文件系统的元数据丢失，那么文件系统上所有的文件将会丢失，因为我们无法仅根据 DataNode 的块来重建文件。Hadoop 为 NameNode 的容错提供了两种机制。

- **备份文件系统元数据**。Hadoop 可以通过配置使 NameNode 在多个文件系统上同步保存 HDFS 文件系统的元数据。一般的配置：将文件写入本地磁盘的同时，将其写入一个远程挂载的网络文件系统（NFS）。
- **运行 Secondary NameNode**。Secondary NameNode 并不是作为 NameNode 的备份，它的重要作用是定期将 EditLog 合并到 FSImage，以防止 EditLog 过大。一般将 Secondary NameNode 单独运行在一台计算机上，因为这个合并操作会占用大量的 CPU 资源，并且需要将 FSImage 读入内存中，对内存容量要求较高。Secondary NameNode 会保存合并后的 FSImage 的副本，作为 NameNode 的检查点，并在 NameNode 发生故障时作为应急措施启用。但是，Secondary NameNode 保存的状态总是滞后于 NameNode，所以在 NameNode 失效时，会丢失部分数据。在这种情况下，一般把存储在 NFS 上的 NameNode 元数据复制到 Secondary NameNode 并作为新的 NameNode 运行。

从 Hadoop2.x 开始，HDFS 推出了两个新的节点：CheckpointNode 和 BackupNode。其中 CheckpointNode 和 Secondary NameNode 的作用一致，主要用于合并 Editlog 到 FSImage。BackupNode 则是 NameNode 的完全备份。

NameNode 中的 EditLog 文件会在运行过程中不断增加，虽然 EditLog 的增加不会对系统造成影响，但是如果 NameNode 重新启动，系统将会花很长时间来运行 EditLog 中的每个操作。在这个过程中，文件系统不可用，延迟了系统的启动时间。启用 Secondary NameNode 可以改善上述问题，Secondary NameNode 可以辅助 NameNode 完成 FSImage 和 Editlog 的合并，这个过程叫做元数据的持久化或者检查点执行。检查点执行的触发因素由两个配置参数决定。默认 Secondary NameNode 每隔一个小时会插入一个检查点（对应配置项 fs.checkpoint.period，以秒为单位），编辑日志达到 64MB 时也会插入一个检查点（对应配置项 fs.checkpoint.size，以字节为单位），只要达到以上其中一个条件就会触发检查点执行。

我们用图 3-2 对检查点执行过程进行描述。

第 3 章 大数据存储技术（HDFS）

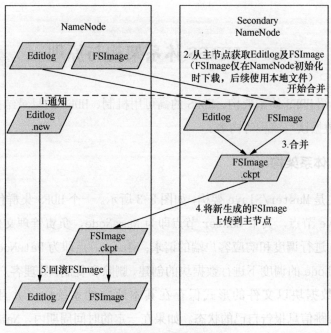

图 3-2 检查点执行过程

检查点执行过程如下。

（1）Secondary NameNode 通知 NameNode 生成新的日志文件 Editlog.new，以后的日志写到 Editlog.new 中，并获取旧的 Editlog 文件。

（2）Secondary NameNode 从 NameNode 上获取 FSImage 文件。

（3）Secondary NameNode 将旧 EditLog 文件和获取到的 FSImage 文件加载到内存并合并，生成新的元数据 FSImage.ckpt。

（4）Secondary NameNode 将 FSImage.ckpt 元数据上传到 NameNode。

（5）NameNode 用新上传的 FSImage.ckpt 元数据进行回滚，并将 EditLog.new 重命名为 EditLog。

（6）循环步骤 1。

在这个过程结束后，NameNode 可以获取最新的 FSImage 文件和较小的 EditLog 文件。

3.2.4 DataNode

DataNode 是 HDFS 的数据节点，它们根据系统的需要存储并检索数据块，并在 HDFS 集群启动时和集群正常运行期间定期向 NameNode 发送他们所存储的块列表 (BlockReport) 和心跳信息。当某个 DataNode 发生故障时，NameNode 接收不到该 DataNode 的心跳信息，则会判断该 DataNode 已失效并将在集群中清除其信息，不再对其发送指令。

3.3 HDFS 体系架构与原理

本节主要介绍 HDFS 体系架构、HDFS 的高可用机制、HDFS 的目录结构和元数据持久化以及 HDFS 的数据读写流程等内容。

3.3.1 HDFS 体系架构

HDFS 采用的是 Master/Slave 架构,如图 3-3 所示。一个 HDFS 集群包含一个 Master 节点和多个 Slave 节点,其中 Master 节点即为 NameNode,负责管理文件系统的命名空间,对 DataNode 进行调度和响应客户端的请求;Slave 节点即为 DataNode,被 NameNode 所管理,在 NameNode 的调度下进行数据块的创建、删除和复制,处理客户端的读写请求。DataNode 中的数据块以文件的形式保存在其本地文件系统中,并且会周期性地向 NameNode 发送心跳信息报告自己的状态。如果在一定的时间周期内,NameNode 没有接收到 DataNode 的心跳信息,则认为该 DataNode 处于离线状态,NameNode 不再分发读/写任务到该节点。

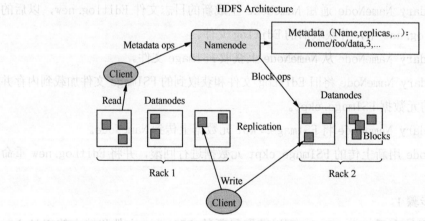

图 3-3 HDFS 节点架构

3.3.2 HDFS 的高可用机制

1. NameNode 的高可用

在 3.2.3 小节中介绍到 NameNode 的两种容错机制,分别是备份 NameNode 元数据和使用 Secondary NameNode 创建 Checkpoint,可以在 NameNode 出故障时对系统进行恢复。但这种方法恢复时间往往较长,会对 HDFS 的日常运行造成较大影响,达不到高可用的要求。

Hadoop 2.x 发行版本设计了活动—备用（Active-Standby）NameNode 的架构，实现了 HDFS 的高可用。当活动 NameNode 发生故障无法提供服务时，备用 NameNode 可以及时地接管它的任务并对客户端提供服务。备用 NameNode 同时也会合并 EditLog 到 FSImage，创建 Checkpoint，不需要运行 Secondary NameNode 或者 CheckpointNode 和 BackupNode。

为了实现活动 NameNode 和备用 NameNode 的同步，HDFS 高可用集群将 Editlog 存储在高可用的共享存储（JournalNode）中。同时 DataNode 会向活动 NameNode 和备用 NameNode 一起发送 BlockReport，保证备用 NameNode 的内存中也记录了最新的数据块分布情况，在活动 NameNode 故障时可快速提供接管任务。

2. 故障切换与规避

HDFS 通过故障转移控制器（ZooKeeper Failover Controller, ZKFC）来管理活动 NameNode 和备用 NameNode 的转换过程。每一个 NameNode 运行着一个轻量级的 ZKFC, ZKFC 通过心跳机制监视其宿主 NameNode 是否失效，并在 NameNode 失效时进行故障切换。当活动 NameNode 发生网络异常时也可能会触发故障转移。这个时候旧的活动 NameNode 仍然以活动 NameNode 的身份运行着，当它重新与集群取得通信的时候，集群中就会存在两个活动 NameNode，有可能造成脑裂。为了应对这种情况，保证系统的正常运行，HDFS 采取了称为"规避"（Fencing）的方法。

- **共享存储的规避**。存放 EditLog 的 JournalNode 在同一时刻只允许一个 NameNode 能够编辑 EditLog 文件，也就是只能有一个 Writer。在故障转移过程中，备用 NameNode 将自己的角色改为 Writer，这样对于 JournalNode 来说，就有效地保证了只有一个活动 NameNode。
- **DataNode 的规避**。每个 NameNode 改变状态的时候，都会向 DataNode 发送自己的状态和一个序列号。DataNode 在运行过程中维护此序列号，当发生故障转移时，新的 NameNode 在返回 DataNode 心跳信息时会返回自己的活动状态和一个更大的序列号。DataNode 接收到这个返回的心跳信息时，认为该 NameNode 为新的活动 NameNode，如果这时原来的活动 NameNode 恢复，返回给 DataNode 的心跳信息包含活动状态和旧的序列号，DataNode 就会拒绝这个 NameNode 的命令。
- **客户端的规避**。客户端通过配置文件实现故障切换的控制。HDFSURI 使用一个逻辑主机名，该主机名映射到 对 NameNode 地址（在配置文件中设置），客户端会依次访问每一个 NameNode 地址直至处理完成。客户端在若干次连接一个 NameNode 失败后，会尝试连接新的 NameNode，直到连接成功。这样会增加客户端的访问延迟时间，客户端可以设置重试次数和每次尝试的时间。

3. 数据副本机制

HDFS 将文件切分为若干数据块，每个块通常会有多个副本，当数据块的一个副本不可用时，客户端会从其他正常副本读取数据，从而保证数据块的高可用。

副本的存放：HDFS 使用机架感知机制（Rack Awareness）来确定每个 DataNode 所属的机架位置，通过 Rack ID 进行区分。

在默认设置下，Replication 因子是 3，HDFS 的存放策略是将第一个副本存放在本地服务器节点，第二个副本放在不同机架的节点上，最后一个副本放在第一副本所在机架的不同节点上。第三个副本虽然与第一个副本放在同个机架上，但机架的故障远远比节点的故障少，这种策略不会影响到数据的可靠性和有效性。

副本的选择：为了最大限度地减少全局带宽消耗和读取延迟，HDFS 会尝试从距离客户端最近的 DataNode 获取数据副本。如果在客户端的同一个机架上有一个副本，那么就读该副本；如果一个 HDFS 集群跨越多个数据中心，那么客户端也将优先尝试读取本地数据中心的副本。

副本的存放和读取会通过以下公式计算距离来选择不同的 DataNode。

Distance(Rack1/D1, Rack1/D1)=0
同一台服务器的距离为 0。

Distance(Rack1/D1, Rack1/D3)=2
同一机架不同的服务器距离为 2。

Distance(Rack1/D1, Rack2/D1)=4
不同机架的服务器距离为 4。

3.3.3 HDFS 的目录结构

下面我们分别介绍 HDFS 的几个角色的目录结构。

1. NameNode 的目录结构

在新部署的 Hadoop（针对 Hadoop 2.x 版本进行说明）集群里面，首先要在 NameNode（NN）节点上格式化磁盘，格式化完成之后 NameNode 会创建以下目录结构：

```
${dfs.namenode.name.dir}/
├──current
│    ├──edits
│    ├──fsimage
│    ├──seen_txid
│    └──VERSION
└──in_use.lock
```

其中，${dfs.NameNode.name.dir}是一个目录列表，可在 dfs-site.xml 文件中配置，默认配置的存放目录为"/tmp/*"，配置的目录用于存放 HDFS NameNode 的名称表（name table）。

edits 文件为 EditLog，以上的目录为简化写法，实际上 edits 文件有多个，其中 edits_start transactionID-end transactionID 文件记录 start transactionID（事

务 ID）和 end transactionID 之间的所有事务。以 edits_0000000000000000001-0000000000000000003 为例，0000000000000000001 为该文件开始记录的 transactionID（事务 ID），0000000000000000003 为其记录的最后一个 transactionID。edits_inprogress_*文件则为正在使用的 Editlog，新的修改操作会记录到该文件中，文件名中的数字表示该文件开始记录事务的 transactionID。fsimage_*为每次检查点执行产生的 Fsimage 文件，文件名中的数字表示该文件记录的最后一个事务的 transactionID，每个 fsimage_*文件都有一个 md5 文件用来做完整性校验。

seen_txid 用于存放 transactionID，代表 NameNode 中 edits_*文件的尾数。执行文件系统格式化之后，该值初始为 0。当 HDFS 重启时会比对 transactionID 与最后一个 edits_*文件的尾数是否一致，以校验 edits 文件的完整性。

VERSION 文件是 Java 属性文件，其中包含运行 HDFS 的版本及其他相关信息。VERSION 文件内容如下：

```
#Wed Apr 12 20:56:50 CST 2017
namespaceID=1207648351
clusterID=CID-0c3983c9-d78d-47be-8079-b3f9c4d22b5e
cTime=0
storageType=NAME_NODE
blockpoolID=BP-1988680769-127.0.0.1-1492001810156
layoutVersion=-63
```

namespaceID 是文件系统的唯一标识符，是 HDFS 文件系统第一次执行格式化时创建。namespaceID 在群集内唯一，即同一 HDFS 集群内各 DataNode 节点和 NameNode 节点中的 namespaceID 保持一致。新加入群集的 DataNode 向 NameNode 注册后会获得此 namespaceID。

ClusterID 是由系统生成或手动指定的集群 ID，是集群的唯一标识符。

cTime 标记 NameNode 存储空间最后更新的时间。新格式化的存储空间，cTime 属性值为 0，每次文件系统发生更新操作，cTime 会更新为一个新的时间戳。

storageType 表示该目录存储 NameNode 的数据结构，在 DataNode 中它的属性值为 DATA_NODE。

layoutVersion 是一个负整数，定义了 HDFS 持久化数据结构的版本。每次 HDFS 存储结构发生改变，该版本号数字就会递减。为了保证所有 NameNode 和 DataNode 的状态保持一致，每当存储结构发生改变时，HDFS 都需要更新 layoutVersion。

blockpoolID 是每个 namespace 对应的存储块池的 ID，包含对应 DataNode 的 IP 等信息。

in_use.lock 为文件锁，用于防止一台机器同时启动多个 Namenode 进程导致目录数据不一致。

2. Secondary NameNode 的目录结构

Secondary NameNode 的目录结构如下：

其中，${fs.checkpoint.dir}/previous.checkpoint 代表 Secondary NameNode 检查点目录，${fs.checkpoint.dir} 可以在 core-site.xml 文件中进行配置（默认为 ${hadoop.tmp.dir}/dfs/namesecondary 目录），Secondary NameNode 中 ${fs.checkpoint.dir}/current 目录、${fs.checkpoint.dir}/previous.checkpoint 目录和 NameNode 的 /current 目录结构完全相同，主要用于元数据持久化以及备份恢复。

3. DataNode 的目录结构

DataNode 关键的文件和目录如下：

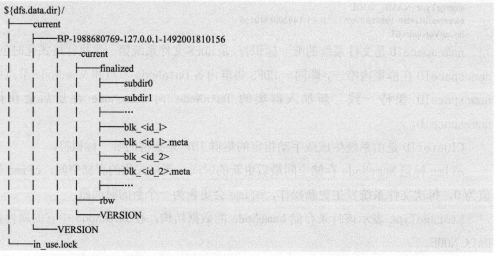

BP-1988680769-192.168.10.10-1492001810156 目录名中的 BP 即 BlockPool，198868769 为集群创建时生成的一个随机整数，192.168.10.10 为该集群中 NameNode 的 IP 地址，最后一串数字代表 NameNode 的创建时间。

DataNode 中 current\finalized 目录下的其他文件都有 blk 前缀，有以下两种类型：blk_<id_1> 表示 HDFS 中的文件块本身，存储的是原始文件内容；blk_<id_1>.meta 表示块的元数据信息（包含版本、类型及块的区域校验和等信息）。rbw 即 "Replica being written"，该目录用于存储正在写入的数据。

current 目录用于保存 DataNode 的数据块文件。

DataNode 的 VERSION 文件和 NameNode 的非常类似，内容如下：

```
#Wed Apr 12 20:57:12 CST 2017
StorageID=DS-a7318994-7e93-4582-8260-84ae87480e93
clusterID=CID-0c3983c9-d78d-47be-8079-b3f9c4d22b5e
cTime=0
DataNodeUuid=68df0c8c-5235-488f-8805-2c380ec21bb5
storageType=DATA_NODE
layoutVersion=-56
```

其中 namespaceID、cTime 和 layoutVersion 与 NameNode 的值保持一致。storageID 对于 DataNode 来说是唯一的，用于在 NameNode 中标识 DataNode 的位置。storageType 表示该目录为 DataNode 数据存储目录。

3.3.4 HDFS 的数据读写过程

1. HDFS 读数据过程

如图 3-4 所示，客户端通过调用 FileSystem 对象的 open() 方法来打开需要读取的文件（步骤 1）。DistributedFileSystem 通过使用 RPC 来调用 NameNode，以确定文件起始块的位置（步骤 2）。对于每一个块，NameNode 返回存有该块副本的 DataNode 地址。此外，这些 DataNode 根据它们与客户端的距离来排序，就近读取。

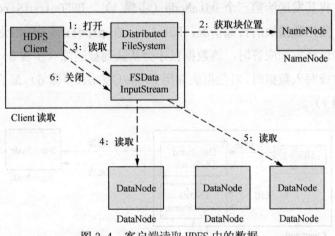

图 3-4 客户端读取 HDFS 中的数据

DistributedFileSystem 类返回一个 FSDataInputStream 对象（一个支持文件定位的输入流）给客户端用来读取数据。FSDataInputStream 类转而封装 DFSInputStream 对象，该对象管理着 DataNode 和 NameNode 的 I/O。

客户端调用 read() 函数开始读取数据。客户端通过 DFSInputStream 连接到文件存储最近的数据节点并读取第一个数据块（步骤 4），当此数据块读取完毕时，DFSInputStream 关闭和此数据节点的连接，然后连接此文件下一个数据块的最近的数据节点（步骤 5），它也会根据需要询问 NameNode 来检索下一批数据块的 DataNode 的位置。当客户端读取完全部数据的时候，调用 FSDataInputStream 的 close() 函数（步骤 6）。

在读取数据的过程中，如果客户端与数据节点通信出现错误，则尝试连接包含此数据块的下一个数据节点。失败的数据节点将被记录，以后不再连接。

2. HDFS 写数据过程

如图 3-5 所示，当客户端向 HDFS 中写入数据时，首先会调用 DistributedFileSystem 对象的 create()函数来请求新建文件（图 3-5 中的步骤 1），DistributedFileSystem 用 RPC 调用 NameNode，请求在文件系统的命名空间中创建一个新的文件。NameNode 首先验证该文件在系统中不存在，并且客户端有创建文件的权限，然后创建新文件（步骤 2）。否则，文件创建失败，并向客户端抛出 IOException 异常。

DistributedFileSystem 向客户端返回 FSDataOutputStream 对象，FSDataOutputStream 封装一个 DFSOutPutStream 对象，该对象负责处理 DataNode 和 NameNode 之间的通信。客户端开始写入数据（步骤 3），DFSOutputStream 将数据分成一个个数据块，写入一个数据队列（Data queue）。Data queue 由 Data Streamer 读取并通知 NameNode 分配 DataNode，用来存储数据块（默认设置为复制成 3 份）。这一组分配的 DataNode 构成一个管道(pipeline)。Data Streamer 将数据块写入 pipeline 中的第一个 DataNode。第一个 DataNode 存储该数据块并将其发送给第二个 DataNode；同样的，第二个 DataNode 存储该数据块并将其发送给第三个 DataNode（步骤 4）。DFSOutputStream 通过确认队列（ackqueue）监控数据块的传输情况，DataNode 在 pipeline 中向上游发送收到确认回执，当客户端最终得到应答时，该数据包才会从队列被删除（步骤 5）。

当客户端完成写入数据时，对数据流调用 close()方法（步骤 6），最后通知 NameNode 写入完毕（步骤 7）。

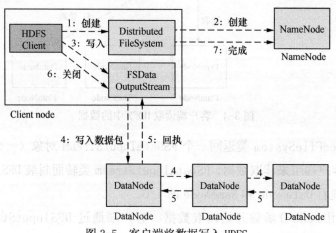

图 3-5 客户端将数据写入 HDFS

3.4 HDFS 接口及其在 FusionInsight HD 编程中的实践

本节主要针对 FusionInsight HD 平台进行讲解。首先介绍 HDFS 的接口，包括常用的 Shell 命令、HDFS WebUI、常用的 JavaAPI，然后介绍 HDFS 编程实践的应用实例。

3.4.1 HDFS 常用 Shell 命令

我们可以通过命令行接口对 FusionInsight HD 平台中的 HDFS 组件进行操作。命令行接口使用起来相对便捷，且简单直观，可以进行一些基本操作。

首先切换工作目录到客户端安装目录下，执行 source 命令配置环境变量，执行 kinit 命令进行用户登录认证操作。

```
#cd /opt/hadoopclient/
#source bigdata_env
```

kinit 组件业务用户（例如：admin）

在 Shell 终端中可以通过输入 hadoop fs -help 获得 HDFS 操作的详细帮助信息。

```
#hadoop fs -help
Usage: hadoop fs [generic options]
[-appendToFile <localsrc> ... <dst>]
[-cat [-ignoreCrc] <src> ...]
......
```

正如上面命令输出的内容，调用文件系统 Shell 命令的基本格式如下。

```
#bin/hadoop fs <args>
```

所有的 FS Shell 命令使用 URI（Uniform Resource Identifier）路径作为参数。URI 格式是 scheme://authority/path。对 HDFS 文件系统来说 scheme 是 hdfs，对本地文件系统来说 scheme 是 file。其中 scheme 和 authority 参数都是可选的，如未指定则使用配置中指定的默认 scheme。一个 HDFS 文件或目录比如/parent/child 可以表示成 hdfs://NameNodeIP:NameNodeport/parentdir/childdir，或者更简单的/parentdir/childdir（假设配置文件中的默认值是 NameNodeIP:NameNodeport）。大多数 FS Shell 命令的行为和对应的 Unix Shell 命令类似，不同之处会在下面介绍各命令使用详情时指出。出错信息会输出到 stderr（标准错误），其他信息输出到 stdout（标准输出）。下面具体介绍如何通过命令行访问 HDFS 文件系统。

将本地的一个文件复制到 HDFS 中，操作命令如下：

```
#hadoop fs -copyFromLocal hello.txthdfs://NameNodeIP:NameNodeport/user/input/hello.txt
```

这条命令调用了 Hadoop 的终端命令 FS。FS 支持很多子命令，这里使用-copyFromLocal 命令将本地的文件 hello.txt 复制到 HDFS 中的/user/input/hello.txt 下。也可以将命令改写为如下形式：

```
#hadoop fs -copyFromLocal hello.txt /user/input/hello.txt
```

将 HDFS 中的文件拷贝到本机，操作命令如下：

```
#hadoop fs -copyToLocal /user/input/hello.txt hello_copy.txt
```

命令执行后，用户可查看当前文件夹下的 hello.copy.txt 文件以验证完成从 HDFS 到本机的文件拷贝。

将文件从源路径移动到目标路径使用 mv 子命令，这个命令允许有多个源路径，此时目标路径必须是一个目录。不允许在不同的文件系统间移动文件。

#hadoop fs -mv /user/hadoop/file1 /user/test/file1
#hadoop
fs -mv hdfs://NameNodeIP:NameNodeport/file1 hdfs://NameNodeIP:NameNodeport/file2 hdfs://NameNodeIP:NameNodeport/file3 hdfs://NameNodeIP:NameNodeport/dir1

创建文件夹的方法如下：

#hadoop fs -mkdir /user/input

用命令行查看 HDFS 文件列表：

```
# hadoop fs -ls /user/input
Found 1 items
-rw-r--r--   1 root supergroup         13 2017-04-13 08:30 /user/input/hello.txt
```

从以上文件列表中可以看到，命令返回的结果和 Linux 下 ls -1 命令返回的结果很相似。返回结果的第一列是文件的权限属性；第二列是文件的副本因子（即副本数量，当前副本因子为 1）；第三列和第四列内容为 "root" "superuser" 是所有者信息；第五列 "13" 为文件的大小，为 13KB；接下来是文件的修改时间信息；最后一列是文件的文件名信息。

最后，删除文件的方法为使用 rm 命令：

#hadoop fs -rm /user/input/hello.txt

与 hadoop fs 命令用途相同的还有另外一种写法 hdfs dfs。此外，HDFS 还有其他一些常用的维护命令，具体见表 3-1。

表 3-1　　　　　　　　　　　　　　　HDFS 常用维护命令

维护命令	用途
hdfs fsck ⟨path⟩ [COMMAND_OPTIONS]	运行 HDFS 文件系统检查工具
hdfs dfsadmin [GENERIC_OPTIONS]	运行一个 HDFS 的 dfsadmin 客户端
hdfs dfs [COMMAND [COMMAND_OPTIONS]]	在 HDFS 文件系统上运行 filesystem 命令
hdfs getconf [COMMAND_OPTIONS]	从配置目录获取配置信息
hdfs dfs -ls ⟨path⟩	列出⟨path⟩路径的目录及文件
hdfs dfs -mkdir ⟨path⟩	在⟨path⟩路径创建新的目录
hdfs dfs -rm -r ⟨path⟩	删除目录
hdfs dfs -put ⟨LocalFile⟩⟨path⟩	本地文件⟨LocalFile⟩上传至 HDFS
hdfs dfs -get ⟨path⟩	HDFS 文件下载到本地
hdfs dfs -count -q -v ⟨path⟩	查看目录的 Quota 和 SpaceQupta
hdfs dfs -getfacl ⟨path⟩	获取目录的 ACL 权限
hdfs fsck ⟨path⟩	健康状态查看
hdfs dfsadmin -safemode enter | leave | get	进入安全模式　|　离开安全模式　|　安全模式查看

3.4.2　HDFS 的 Web 界面

HDFS 的 Web UI 展示了 HDFS 集群的状态，其中包括整个集群概况信息（Overview）、NameNode 和 DataNode 的信息、快照、运行进程等，如图 3-6 所示。

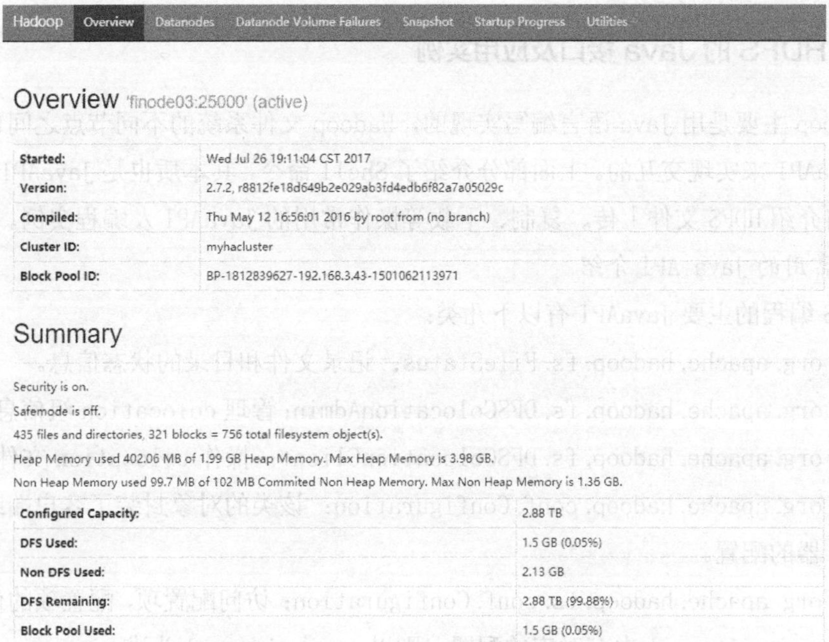

Hadoop Overview Datanodes Datanode Volume Failures Snapshot Startup Progress Utilities

Overview 'finode03:25000' (active)

Started:	Wed Jul 26 19:11:04 CST 2017
Version:	2.7.2, r8812fe18d649b2e029ab3fd4edb6f82a7a05029c
Compiled:	Thu May 12 16:56:01 2016 by root from (no branch)
Cluster ID:	myhacluster
Block Pool ID:	BP-1812839627-192.168.3.43-1501062113971

Summary

Security is on.
Safemode is off.
435 files and directories, 321 blocks = 756 total filesystem object(s).
Heap Memory used 402.06 MB of 1.99 GB Heap Memory. Max Heap Memory is 3.98 GB.
Non Heap Memory used 99.7 MB of 102 MB Commited Non Heap Memory. Max Non Heap Memory is 1.36 GB.

Configured Capacity:	2.88 TB
DFS Used:	1.5 GB (0.05%)
Non DFS Used:	2.13 GB
DFS Remaining:	2.88 TB (99.88%)
Block Pool Used:	1.5 GB (0.05%)

图 3-6 HDFS WEB UI 的 Overview

在 HDFS 的 Web UI 页面中，Overview 部分展示了 HDFS 集群的节点 IP、端口、主备信息等；Summary 部分展示了 HDFS 集群部分状态信息和资源使用的基本信息；DataNodes 页面下展示了 DataNode 节点相关的信息；Snapshot 页面下展示了与快照相关的信息，Startup Progress 页面下展示了与业务进程相关的信息。

HDFS 的 Web 界面还提供了文件系统的基本功能：Browse the filesystem（浏览文件系统），展开 Utilities 点击 Browse the file system 即可查看，它将 HDFS 的文件结构通过目录的形式展现出来，增加了对文件系统的可读性，如图 3-7 所示。

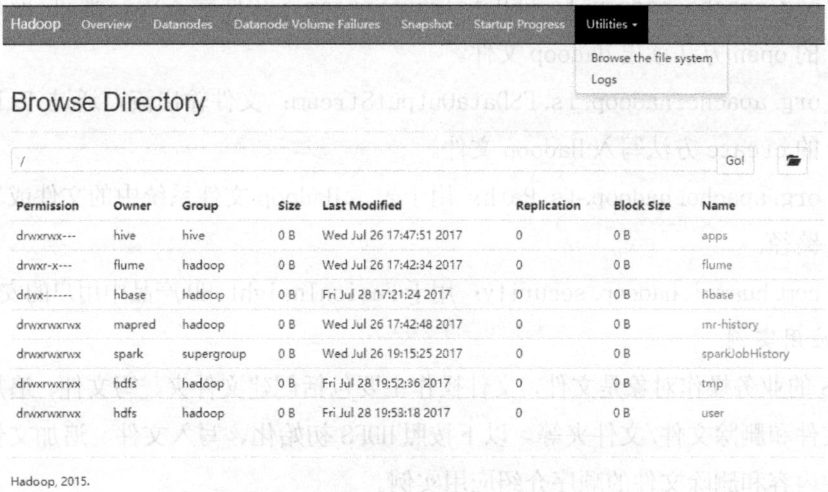

Hadoop Overview Datanodes Datanode Volume Failures Snapshot Startup Progress Utilities
Browse the file system
Logs

Browse Directory

/ Go!

Permission	Owner	Group	Size	Last Modified	Replication	Block Size	Name
drwxrwx---	hive	hive	0 B	Wed Jul 26 17:47:51 2017	0	0 B	apps
drwxr-x---	flume	hadoop	0 B	Wed Jul 26 17:42:34 2017	0	0 B	flume
drwx------	hbase	hadoop	0 B	Fri Jul 28 17:21:24 2017	0	0 B	hbase
drwxrwxrwx	mapred	hadoop	0 B	Wed Jul 26 17:42:48 2017	0	0 B	mr-history
drwxrwxrwx	spark	supergroup	0 B	Wed Jul 26 19:15:25 2017	0	0 B	sparkJobHistory
drwxrwxrwx	hdfs	hadoop	0 B	Fri Jul 28 19:52:36 2017	0	0 B	tmp
drwxrwxrwx	hdfs	hadoop	0 B	Fri Jul 28 19:53:18 2017	0	0 B	user

Hadoop, 2015.

图 3-7 HDFS WEB UI 的 Browse Directory

3.4.3 HDFS 的 Java 接口及应用实例

Hadoop 主要是用 Java 语言编写实现的，Hadoop 文件系统的不同节点之间也是通过调用 JavaAPI 来实现交互的。上面部分介绍了 Shell 命令，其本质也是 JavaAPI 的应用。接下来将介绍 HDFS 文件上传、复制、下载等操作常用的 JavaAPI 及编程实例。

1. 常用的 Java API 介绍

HDFS 编程的主要 JavaAPI 有以下几类：

- org.apache.hadoop.fs.FileStatus：记录文件和目录的状态信息。
- org.apache.hadoop.fs.DFSColocationAdmin：管理 colocation 组信息的接口。
- org.apache.hadoop.fs.DFSColocationClient：操作 colocation 文件的接口。
- org.apache.hadoop.conf.Configuration：该类的对象封装了客户端或者服务器的配置。
- org.apache.hadoop.fs.conf.Configuration：访问配置项，配置项的值如果在 core-site.xml 中有对应的配置，则以 core-site.xml 为准。
- org.apache.hadoop.fs.FileSystem：是客户端应用的核心类，该类的对象是一个文件系统对象。所有需要用到 Hadoop 文件系统的代码都要使用到这个类。Hadoop 为 FileSystem 这个抽象类提供了多种实现方式，如 LocalFileSystem、DistributedFileSystem、HftpFileSystem、HsFtpFileSystem、HarFileSystem、KosmosFileSystem、FtpFilesystem、NativeS3FileSystem 等。
- org.apache.hadoop.fs.FileStatus：用于向客户端展示系统中文件和目录的元数据，包括文件大小、块大小、副本信息、所有者、修改时间等，可以通过 FileSystem.listStatus()方法调用获取具体的实例对象。
- org.apache.hadoop.fs.FSDataInputStream：文件输入流，通过 FileSystem 的 open 方法读出 Hadoop 文件。
- org.apache.hadoop.fs.FSDataOutputStream：文件输出流，通过 FileSystem 的 create 方法写入 Hadoop 文件。
- org.apache.hadoop.fs.Path：用于表示 Hadoop 文件系统中的文件或者目录的路径。
- com.huawei.hadoop.security：用于 FusionInsight HD 产品中用户的安全认证。

2. 应用实例

HDFS 的业务操作对象是文件，文件操作主要包括创建文件夹、写文件、追加文件内容、读文件和删除文件/文件夹等。以下按照 HDFS 初始化、写入文件、追加文件内容、读取文件内容和删除文件的顺序介绍应用实例。

（1）HDFS 初始化是指在使用 HDFS 提供的 API 之前需要做的必要工作。大致过程为：

加载 HDFS 服务配置文件，并进行 Kerberos 安全认证，认证通过后再实例化 FileSystem，之后使用 HDFS 的 API。登录 HDFS 时会使用到如表 3-2 所示的配置文件。这些文件需要导入到"hadoopexamples"工程的"conf"目录。

表 3-2　　　　　　　　　　　　　　配置文件

文件名称	作用	获取地址
core-site.xml	配置 HDFS 详细参数	FusionInsight_V100R002C60SPC200_Services_ClientConfig\HDFS\config\core-site.xml
hdfs-site.xml	配置 HDFS 详细参数	FusionInsight_V100R002C60SPC200_Services_ClientConfig\HDFS\config\hdfs-site.xml
user.keytab	对于 Kerberos 安全认证提供 HDFS 用户信息	获取相应账号对应权限的 keytab 文件和 krb5 文件
krb5.conf	Kerberos server 配置信息	

在 Linux 客户端运行应用和在 Windows 环境下运行应用的初始化代码相同，代码样例如下所示。详细代码请参考 com.huawei.bigdata.hdfs.examples 中的 Hdfs Main 类。

```
/**
 * 初始化，获取一个 FileSystem 实例
 * @throws IOException
 */
private void init() throws IOException {
    confLoad();
    authentication();
    instanceBuild();
}
/**
 * 如果程序运行在 Linux 上，则需要 core-site.xml、hdfs-site.xml 的路径，
 * 修改为在 Linux 下客户端文件的绝对路径。
 */
private void confLoad() throws IOException {
    conf = new Configuration();
    // conf file
    conf.addResource(new Path(PATH_TO_HDFS_SITE_XML));
    conf.addResource(new Path(PATH_TO_CORE_SITE_XML));
}
/**
 * kerberos security authentication
 * 如果程序运行在 Linux 上，则需要 krb5.conf 和 keytab 文件的路径，
 * 修改为在 Linux 下客户端文件的绝对路径，并且需要将样例代码中的 keytab 文件和 principle 文件
 * 分别修改为当前用户的 keytab 文件名和用户名。
 */
private void authentication() throws IOException {
    // 安全模型
    if ("kerberos".equalsIgnoreCase(conf.get("hadoop.security.authentication"))) {
        System.setProperty("java.security.krb5.conf", PATH_TO_KRB5_CONF);
        LoginUtil.login(PRNCIPAL_NAME, PATH_TO_KEYTAB, PATH_TO_KRB5_CONF, conf);
    }
}
```

```
/**
* build HDFS instance
*/
private void instanceBuild() throws IOException {
// get filesystem
fSystem = FileSystem.get(conf);
}
```

在 Windows 环境和 Linux 环境下都需要运行 login 的代码样例，用于第一次登录使用，详细代码请参考 com.huawei.hadoop.security 中的 LoginUtil 类。

```
public synchronized static void login(String userPrincipal,
String userKeytabPath, String krb5ConfPath, Configuration conf)
throws IOException {
// 1.检查放入的参数
if ((userPrincipal = = null) || (userPrincipal.length() <= 0)) {
LOG.error("input userPrincipal is invalid.");
throw new IOException("input userPrincipal is invalid.");
}
if ((userKeytabPath = = null) || (userKeytabPath.length() <= 0)) {
LOG.error("input userKeytabPath is invalid.");
throw new IOException("input userKeytabPath is invalid.");
}
if ((krb5ConfPath = = null) || (krb5ConfPath.length() <= 0)) {
LOG.error("input krb5ConfPath is invalid.");
throw new IOException("input krb5ConfPath is invalid.");
}
if ((conf = = null)) {
LOG.error("input conf is invalid.");
throw new IOException("input conf is invalid.");
}
// 2.检查文件是否存在
File userKeytabFile = new File(userKeytabPath);
if (!userKeytabFile.exists()) {
LOG.error("userKeytabFile(" + userKeytabFile.getAbsolutePath()
+ ") does not exsit.");
throw new IOException("userKeytabFile("
+ userKeytabFile.getAbsolutePath() + ") does not exsit.");
}
if (!userKeytabFile.isFile()) {
LOG.error("userKeytabFile(" + userKeytabFile.getAbsolutePath()
+ ") is not a file.");
throw new IOException("userKeytabFile("
+ userKeytabFile.getAbsolutePath() + ") is not a file.");
}
File krb5ConfFile = new File(krb5ConfPath);
if (!krb5ConfFile.exists()) {
LOG.error("krb5ConfFile(" + krb5ConfFile.getAbsolutePath()
+ ") does not exsit.");
throw new IOException("krb5ConfFile(" + krb5ConfFile.getAbsolutePath()
+ ") does not exsit.");
}
if (!krb5ConfFile.isFile()) {
LOG.error("krb5ConfFile(" + krb5ConfFile.getAbsolutePath()
+ ") is not a file.");
throw new IOException("krb5ConfFile(" + krb5ConfFile.getAbsolutePath()
```

```
+ ") is not a file.");
}
// 3.设置并检查 krb5config
setKrb5Config(krb5ConfFile.getAbsolutePath());
setConfiguration(conf);
// 4.检查是否需要登录
if (checkNeedLogin(userPrincipal)) {
// 5.登录 Hadoop 并检查
loginHadoop(userPrincipal, userKeytabFile.getAbsolutePath());
}
// 6.检查重新登录
checkAuthenticateOverKrb();
System.out.println("Login success!");
}
```

（2）写文件内容。实例化一个 FileSystem，由此 FileSystem 实例获取写文件的资源，然后将待写内容写入到 HDFS 的指定文件中。在写完文件后，关闭所申请资源。如下是普通模式写文件的代码片段，详细代码请参考 com.huawei.bigdata.hdfs.examples 中的 HdfsMain 类和 HdfsWriter 类。

```
/**
 * 创建文件，写文件
 * @throws IOException
 * @throws ParameterException
 */
private void write() throws IOException, ParameterException {
final String content = "hi, I am bigdata. It is successful if you can see me.";
InputStream in = (InputStream) new ByteArrayInputStream(
content.getBytes());
try {
HdfsWriter writer = new HdfsWriter(fSystem, DEST_PATH
+ File.separator + FILE_NAME);
writer.doWrite(in);
System.out.println("success to write.");
} finally {
//关闭流资源
close(in);
}
}
```

（3）追加文件内容。这是指在 HDFS 的某个指定文件后面，追加指定的内容。大致过程为：实例化一个 FileSystem，由此 FileSystem 实例获取各类相关资源，最终将待追加内容添加到 HDFS 的指定文件后面。如下是代码片段，详细代码请参考 com.huawei.bigdata.hdfs.examples 中的 HdfsMain 类和 HdfsWriter 类。

```
/**
 * 追加文件内容
 * @throws IOException
 */
private void append() throws Exception {
final String content = "I append this content.";
InputStream in = (InputStream) new ByteArrayInputStream(
content.getBytes());
try {
```

```
HdfsWriter writer = new HdfsWriter(fSystem, DEST_PATH
+ File.separator + FILE_NAME);
writer.doAppend(in);
System.out.println("success to append.");
} finally {
//关闭流资源
close(in);
}
}
```

（4）读文件，获取 HDFS 上某个指定文件的内容。如下是代码片段，详细代码请参考 com.huawei.bigdata.hdfs.examples 中的 HdfsMain 类。

```
/**
 * 读文件
 * @throws IOException
 */
private void read() throws IOException {
String strPath = DEST_PATH + File.separator + FILE_NAME;
Path = new Path(strPath);
FSDataInputStream in = null;
BufferedReader reader = null;
StringBuffer strBuffer = new StringBuffer();
try {
in = fSystem.open(path);
reader = new BufferedReader(new InputStreamReader(in));
String sTempOneLine;
// 写文件
while ((sTempOneLine = reader.readLine()) != null) {
strBuffer.append(sTempOneLine);
}
System.out.println("result is : " + strBuffer.toString());
System.out.println("success to read.");
} finally {
//关闭资源
close(reader);
close(in);
}
}
```

（5）删除文件，删除 HDFS 上某个指定文件或者文件夹。如下是普通模式下删除文件的代码片段，详细代码请参考 com.huawei.bigdata.hdfs.examples 中的 Hdfs Main 类。

```
/**
 * 删除文件
 * @throws IOException
 */
private void delete() throws IOException {
Path beDeletedPath = new Path(DEST_PATH + File.separator + FILE_NAME);
fSystem.deleteOnExit(beDeletedPath);
System.out.println("succee to delete the file " + DEST_PATH
+ File.separator + FILE_NAME);
}
```

3.5 本章总结

分布式文件系统是当今大数据时代解决大规模数据存储问题的有效解决方案，HDFS 开源实现了 Google 的 GFS。HDFS 具有兼容廉价的硬件设备、流数据读写、大数据集、简单的文件模型、跨平台兼容等优点。但是 HDFS 也有自身的局限性，比如不适合低延迟数据访问，无法高效存储大量小文件，不支持多用户写入及任意修改文件内容等。

HDFS 采用块的概念，具有支持大规模文件存储、简化系统设计、适合数据备份等特点，其采用了主从（Master/Slave）结构模型，一个 HDFS 集群包括一个 NameNode 和若干 DataNode。NameNode 负责管理分布式文件系统的命名空间，DataNode 是 HDFS 的工作节点，负责数据的存储和读取。Hadoop 2.x 实现了 NameNode 的高可用。HDFS 数据存储采用了冗余的设计架构以增强数据可靠性及数据传输速率，并且设计了相应的数据冗余复制容错恢复机制，以保证数据的可靠性。

本章最后介绍了 HDFS 的接口及其在 FusionInsight HD 平台中的编程实践。

练习题

一、选择题

1. HDFS 是基于流数据模式访问和处理超大文件的需求而开发的，具有高容错、高可靠性、高可扩展性、高吞吐率等特征，适合的读写任务是（　　）

　　A. 一次写入，少次读　　　　　　B. 多次写入，少次读
　　C. 多次写入，多次读　　　　　　D. 一次写入，多次读

2. 以下对于 HDFS 描述不正确的是（　　）

　　A. HDFS 是一个使用 Java 编写的分布式文件系统
　　B. HDFS 由 NameNode、DataNode、Client 组成
　　C. HDFS 不支持标准的 POSIX 文件系统接口
　　D. HDFS 支持对已有数据进行修改

3. HDFS 不适合的功能有（　　）

　　A. 多副本方式存储数据　　　　　B. 存储 TB-PB 级别的数据
　　C. 文件的随机写入　　　　　　　D. 硬件故障的容错处理

4. 有关 HDFS 说法正确的有（多选）（　　）

A. HDFS 不适合存储大量小文件

B. HDFS 不适合有低延迟数据访问要求的业务

C. HDFS 适合流式数据的访问

D. 基于 HDFS 的应用应该使用 WORM 的数据读写模型编程

二、简答题

1. HDFS 是什么样的系统，适合于做什么？
2. HDFS 的设计理念是什么？
3. HDFS 包含哪些角色？
4. 请简述检查点执行过程。

第4章

大数据资源计算框架
(MapReduce&YARN)

第4章
大数据离线计算框架
（MapReduce&YARN）

4.1 MapReduce技术原理
4.2 YARN技术原理
4.3 FusionInsight HD中MapReduce的应用
4.4 本章总结

练习题

MapReduce 是 Hadoop 的核心组件之一,是一种并行编程模型,用于大规模数据集(TB 级别)的并行计算。MapReduce 框架将并行计算过程抽象成两个函数:Map 和 Reduce。Hadoop MapReduce 是基于 HDFS 的分布式编程框架,可以使没有并行计算和分布式处理系统开发经验的程序员有效利用分布式系统的丰富资源。

Hadoop 使用 Apache Hadoop YARN(Yet Another Resource Negotiator)作为通用资源管理系统,可为上层应用提供统一的资源管理和调度。除了 MapReduce,YARN 还可以支持其他编程计算框架,如 Spark、Storm 等,它的引入为集群在利用率、资源统一管理和数据共享等方面带来了诸多好处。

第 4 章讲述大数据的核心计算框架 MapReduce 的原理和应用,同时介绍计算资源管理和调度框架 YARN 的基本原理。

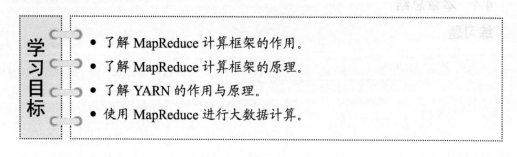

学习目标
- 了解 MapReduce 计算框架的作用。
- 了解 MapReduce 计算框架的原理。
- 了解 YARN 的作用与原理。
- 使用 MapReduce 进行大数据计算。

4.1 MapReduce 技术原理

4.1 节将介绍分布式并行编程框架 MapReduce 技术原理,包括 MapReduce 的概述、

Map 和 Reduce 函数。

4.1.1 MapReduce 概述

2004 年谷歌发表了关于 MapReduce 的论文 *MapReduce: Simplified Data Processing on Large Clusters*，论文中指出 MapReduce 是谷歌的核心计算模型，是一种并行编程模型，它将运行在大规模集群上的复杂计算过程高度地抽象为两个函数：Map 和 Reduce。MapReduce 的计算思想是将一个复杂问题分解成一系列子问题，通过 Map 函数对子问题分别进行处理，再通过 Reduce 函数对子问题处理后的结果进行汇总计算，从而得出最终结果。Hadoop MapReduce 是基于 HDFS 的分布式编程框架，也是 Google MapReduce 的开源实现。它能够实现在大量普通配置的计算机上处理和生成大规模离线数据集。

Hadoop MapReduce 框架是通过 Java 实现的，但 MapReduce 的应用程序除了用 Java 编写，还可以使用 Ruby、Python、PHP 和 C++等非 Java 类语言编写。MapReduce 适合于处理大量的数据集，因为它会在多台主机并行处理，处理速度较快。MapReduce 的应用广泛，可用于日志分析、海量数据的排序、在海量数据中查找特定模式等场景。

Hadoop MapReduce 的主要特点如下。

- 易于编程：程序员仅需描述做什么，具体怎么做交由系统的执行框架处理。
- 良好的扩展性：可通过添加节点以扩展集群能力。
- 高容错性：通过计算迁移或数据迁移等策略提高集群的可用性与容错性。

4.1.2 Map 函数与 Reduce 函数

MapReduce 进行计算任务时，会将任务初始化为一个工作（Job），每个 Job 又被分解成若干任务（Task），整个计算过程可以分为 Map 和 Reduce 两个阶段。这两个阶段分别用 Map 函数和 Reduce 函数来表示。

如图 4-1 所示，Map 函数接收一个键/值对<key, value>的输入，然后同样产生一个新的键/值对<key, value>作为中间输出。MapReduce 会负责将所有具有相同 key 值的 value 汇总到一起传递给 Reduce 函数。

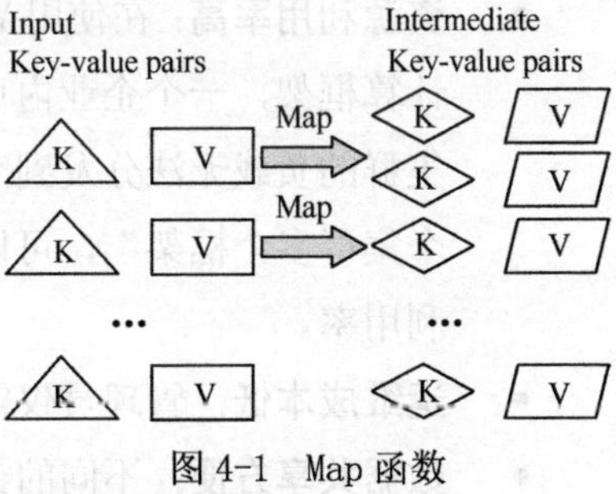

图 4-1 Map 函数

如图 4-2 所示，Reduce 函数接收一个<key,(list of values)>形式的输入，然后对这个 value 集合进行处理，每个 Reduce 产生 0 或 1 个输出，Reduce 的输出也是<key, value>形式的。

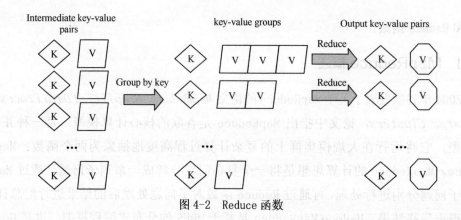

图 4-2 Reduce 函数

4.2 YARN 技术原理

4.2 节主要介绍了 YARN 的基本概念与应用，YARN 的架构以及 MapReduce 的计算过程。

4.2.1 YARN 的概述与应用

1. YARN 的定义

Apache Hadoop YARN（Yet Another Resource Negotiator，另一种资源协调器）是一种新的 Hadoop 资源管理器，它可为上层应用提供统一的资源管理和调度，它的引入为集群在利用率、资源统一管理和数据共享等方面带来了诸多好处。

2. YARN 的特点

YARN 是资源管理平台，除了 MapReduce 框架，还可以支持其他框架，如 Spark、Storm 等。

使用 YARN 作为资源管理调度系统具有以下优点。

- **资源利用率高**：在使用 YARN 作为资源管理系统之前，往往是一个集群运行一种计算框架，一个企业内可能存在多个集群。各集群之间的负载很不平均，繁忙集群的负载无法分发到空闲的集群上，导致了计算资源的浪费。YARN 实现"一个集群多个框架"，可以统一调度集群内的计算资源，这就大大提高了资源的利用率。
- **运维成本低**：管理员仅需要运维一个集群，大大降低了运维成本。
- **数据共享方便**：不同的计算框架有时候可能需要处理同样的数据，存在不同集群时，要实现数据共享比较麻烦，也会造成集群间大量的数据传输开销。使用 YARN 做资源管理，可以在同个集群内部署不同的计算框架，实现了不同计算框架的数据共享。

3. YARN 的应用场景

在企业实际的生产环境中,同时存在不同的业务应用场景,对于计算的要求各有不同,常常需要应用多个计算框架来满足企业的需求。如用 MapReduce 做大规模数据的批量离线计算,用 Storm 实现流数据的实时分析。由于 Hadoop1.0 时没有统一的资源管理平台,为了避免不同类型应用之间发生资源抢占冲突,往往需要在企业内部建立多个集群,在不同集群内运行不同的计算框架。不同集群之间无法直接共享数据,资源利用率低。同时,多个集群大大增加了管理人员的运维工作。

针对 Hadoop1.0 本身的局限性及企业内计算资源统一管理的需求,Hadoop2.0 对自身架构做出了改良,如图 4-3 所示。Hadoop2.0 推出资源管理调度系统 YARN(Yet Another Resource Negotiator,另一种资源协调者)。YARN 可以支持 MapReduce 以及 Spark、Storm 等计算框架,实现了"一个集群多个框架"。

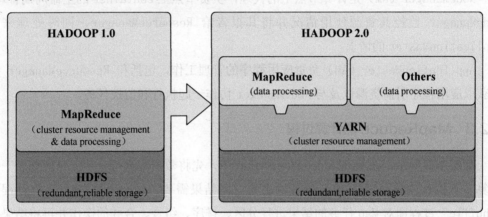

图 4-3 Hadoop1.0 与 2.0 的对比

4.2.2 YARN 的架构

YARN 的组件架构

YARN 体系结构中包含了四个组件——Container、ResourceManager、ApplicationMaster 和 NodeManager,如图 4-4 所示。各个组件的功能如下。

Container 是 YARN 中的资源抽象,它封装了某个节点上一定量的多维度资源,如内存、CPU 等。

ResourceManager(RM)负责集群资源的统一管理,主要包括资源调度与应用程序管理。RM 以 Container(容器)的形式进行资源分配和管理,ResourceManager 有两个主要组件:ResourceScheduler(调度器)和 ApplicationManager(应用程序管理器)。调度器负责根据容量、队列等限制条件,分配资源给应用程序。应用程序管理器负责管理整个系统中的所有应用程序,包括应用程序提交,与调度器协商运行 ApplicationMaster 的资源,启动并监控 ApplicationMaster 运行状态。

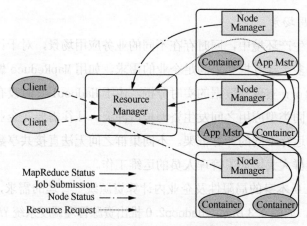

图 4-4 YARN 的基本架构

NodeManager（NM）是计算节点上的代理，负责节点上 Container 的生命周期管理。NodeManager 监控其资源使用情况并将其报告给 ResourceManager，同时处理来自 ApplicationMaster 的请求。

ApplicationMaster（AM）负责应用程序的管理工作，包括和 ResourceManager 协商获取应用程序所需资源以及与 NodeManager 协作一起执行和监控任务。

4.2.3 MapReduce 的计算过程

如图 4-5 所示，在 MapReduce 的计算过程中，先将数据集进行分片，分配到若干个计算节点执行 Map 函数，Map 任务输出的中间结果需要经过一个 "Shuffle" 过程，"Shuffle" 过程即对 Map 任务的结果进行分区、排序、组合、合并的操作并再将结果传递给 Reduce 任务。最后由 Reduce 任务做汇总计算。

下面是一个 MapReduce 应用的执行过程。

（1）任务提交：MapReduce 客户端应用向 ResourceManager 请求 job ID（形如 job_201731281421_0001），ResourceManager 给客户端返回对应的 job ID。

（2）文件分片：Job 提交前，需先将待处理的文件进行分片（Split），将文件切割成大小相等小数据集（最后一个除外）。MapReduce 框架默认将一个 Block 作为一个分片，客户端应用可以重定义块和分片的映射关系。设置分片大小通常应小于或等于 HDFS 中一个 Block 的大小，这样可以保证一个分片是位于同一台计算机上的，便于本地计算。

（3）资源调配：Job 被客户端提交给 ResourceManager，ResourceManager 根据算法在集群中挑选合适的 NodeManager 节点启动 ApplicationMaster，ApplicationMaster 负责 Job 任务的初始化并向 RM 申请资源，获取资源后 ApplicationMaster 通知对应的 NodeManager 启动 Container，Container 负责执行 Task（MapReduce 中的 Task 即 Map Task 或 ReduceTask）。

第 4 章 大数据离线计算框架（MapReduce&YARN）

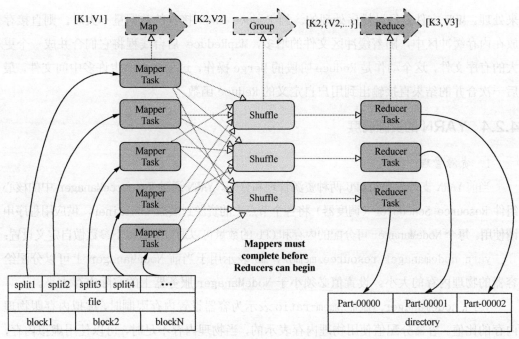

图 4-5 MapReduce 计算过程

（4）Map 过程：MapReduce 框架将一个分片和一个 Map Task 对应，即一个 Map Task 只负责处理一个数据分片。数据分片的数量确定了为这个 Job 创建 Map Task 的个数。Map Task 的输出放入一个环形内存缓冲区，缓冲区默认 100MB，当缓冲区数据达到 80MB 时，缓冲区中的数据溢出写入到本地磁盘。

（5）Shuffle 阶段对 Map Task 的输出做如下处理。

- 分区（Partition）——默认采用 Hash 算法进行分区，MapReduce 框架根据 Reduce Task 个数来确定分区个数。分区可将不同节点中的 Map Task 结果进行划分，将具备相同 Key 值的记录送到相同的 Reduce Task 来统一处理。
- 排序（Sort）——将 Map 输出的记录排序，例如将（'Hi'，'1'），（'Hello'，'1'）重新排序为（'Hello'，'1'），（'Hi'，'1'）。
- 组合（Combine）——这个动作 MapReduce 框架默认是可选的。例如将（'Hi'，'1'），（'Hi'，'1'），（'Hello'，'1'），（'Hello'，'1'）合并操作为（'Hi'，'2'），（'Hello'，'2'）。
- 合并（Merge）——Map Task 在处理后会产生很多的溢出文件，这时需将多个溢出文件进行合并处理，生成一个经过分区和排序的 Spill File（MOF：MapOutFile）。为减少写入磁盘的数据量，MapReduce 支持对 MOF 进行压缩后再写入。

（6）Reduce 过程：通常在 Map Task 任务完成 MOF 输出进度到 3%时启动 Reduce，从各个 Map Task 获取 MOF 文件。前面提到 Reduce Task 个数由客户端决定，Reduce Task 个数决定 MOF 文件分区数，因此 Map Task 输出的 MOF 文件都能找到相对应的 Redcue Task

来处理。MOF 文件是经过排序处理的。当 Reduce Task 接收的数据量不大时,则直接存放在内存缓冲区中,随着缓冲区文件的增多,MapReduce 后台线程将它们合并成一个更大的有序文件,这个动作是 Reduce 阶段的 Merge 操作,过程中会产生许多中间文件,最后一次合并的结果直接输出到用户自定义的 Reduce 函数。

4.2.4 YARN 的资源调度

1. 资源管理

当前 YARN 支持内存和 CPU 两种资源管理和分配。YARN 通过 ResourceManager 中的核心组件 Resource Scheduler(调度器)将各个节点上的资源封装成 Container,供应用程序申请使用。每个 NodeManager 可分配的内存和 CPU 的数量可以通过配置以下参数做自定义设置:

yarn.nodemanager.resource.memory-mb 表示用于当前 NodeManager 上可以分配给容器的物理内存的大小。设置值必须小于 NodeManager 服务器上的实际内存大小。

yarn.nodemanager.vmem-pmem-ratio 表示为容器设置内存限制时,虚拟内存跟物理内存的比值。容器分配值使用物理内存表示的,当物理内存不足时,可以使用虚拟内存,但是虚拟内存使用量不能超过这个比例。

yarn.nodemanager.resource.cpu-vcore 表示可分配给 Container 的 vcore 个数。这个参数用于控制 Container 对 CPU 的使用量。

2. 资源分配模型

YARN 采用双层调度策略,先由 ResourceManager 将资源分配给 ApplicationMaster,再由 ApplicationMaster 进一步把资源分配给其应用程序的任务。

调度器维护一组队列的信息,队列是封装了集群资源容量的资源集合,每个队列拥有集群中一定比例的资源。队列分为父队列、子队列,任务最终运行在子队列上。父队列可以有多个子队列。用户可以向一个或者多个队列提交应用程序。当应用程序提交上来时,首先会声明提交到哪个队列上,调度器会将任务分配到指定队列,如果没有指定则运行在默认队列上。

YARN 的资源分配是异步的,调度器把资源分配给一个应用程序后并不会立即交付给对应的 ApplicationMaster,而是等待 ApplicationMaster 通过周期性的心跳来获取。

4.3 FusionInsight HD 中 MapReduce 的应用

4.3.1 WordCount 实例分析

WordCount 是 MapReduce 中典型的入门程序。下面将通过 WordCount 程序来解释

MapReduce 程序的具体实现过程。

WordCount 程序的设计目标是，输入一个包含大量单词的文本，经过计算后按字母顺序输出文件中每个单词及其出现的次数，如图 4-6 所示。

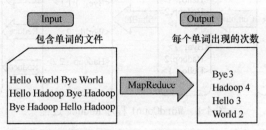

图 4-6　WordCount 程序功能

MapReduce 对数据做并行处理。在 Map 阶段，每个拿到原始数据的节点将输入的数据切分成单词，Map 过程完成后经过"Shuffle"处理中间结果，把相同单词分发给同一台机器计算出现次数，这个最后的计算过程由 Reduce 阶段完成。

由于 MapReduce 中传递的数据都是<key,value>形式的，Map 的输入以行号为 Key，文件的一行为 Value，输出则由单词作为 Key，1 作为 Value，如图 4-7 所示。

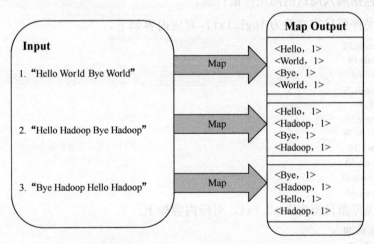

图 4-7　WordCount 程序 Map 过程

Map 的输出结果经过"Shuffle"阶段之后变成<key,value-list>的形式，如<Hello,{1 1 1}>，作为 Reduce 的输入，Reduce 的输出形式与 Map 的形式相同，Value 值是 Word 所对应出现的总次数，如图 4-8 所示。

4.3.2　MapReduce 编程实践

4.3.2 小节将会介绍如何在华为 FusionInsight HD 大数据平台编写基本的 MapReduce 程序并运行程序实现数据分析。

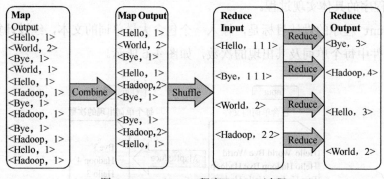

图 4-8 WordCount 程序 Reduce 过程

1. 任务要求

假定用户有某个周末网民网购停留时间的日志文本，基于某些业务要求，要求开发 MapReduce 应用程序实现如下功能：

（1）统计日志文件中本周末网购停留总时间超过 2 个小时的女性网民信息。

（2）周末两天的日志文件第一列为姓名，第二列为性别，第三列为本次停留时间，单位为分钟，分隔符为逗号","。

数据源包括周六周日的网民停留日志。

周六网民停留日志文件为 log1.txt，对应内容如下。

```
LiuYang,female,20
YuanJing,male,10
GuoYijun,male,5
CaiXuyu,female,50
Liyuan,male,20
FangBo,female,50
LiuYang,female,20
YuanJing,male,10
GuoYijun,male,50
CaiXuyu,female,50
FangBo,female,60
```

周日网民停留日志为 log2.txt，对应内容如下。

```
LiuYang,female,20
YuanJing,male,10
CaiXuyu,female,50
FangBo,female,50
GuoYijun,male,5
CaiXuyu,female,50
Liyuan,male,20
CaiXuyu,female,50
FangBo,female,50
LiuYang,female,20
YuanJing,male,10
FangBo,female,50
GuoYijun,male,50
CaiXuyu,female,50
FangBo,female,60
```

首先，需要把日志文件放置在 HDFS 系统里。登录到 HDFS 中，在 HDFS 上建立一个文件夹，"/tmp/input"，并上传 log1.txt，log 2.txt 到此目录，命令如下：

```
#sourcebigdata_env#读取环境变量
#kinit admin    #使用 admin 账户登录 HDFS
#hdfs dfs -mkdir /tmp/input
#hdfs dfs -put local_filepath/tmp/input
```

2. 开发思路

统计日志文件中本周末网购停留总时间超过 2 个小时的女性网民信息。

主要分为四个部分：

1）读取原文件数据。

2）筛选女性网民上网时间数据信息。

3）汇总每个女性上网总时间。

4）筛选出停留时间大于两个小时的女性网民信息。

3. 编写 MapReduce 程序

编写 MapReduce 程序实现该功能，主要包括以下几个步骤：

（1）编写 Map 处理逻辑

下面代码片段通过类 CollectionMapper 定义 Mapper 抽象类的 map() 方法和 setup() 方法，仅为演示内容。具体代码参见 com.huawei.bigdata.mapreduce.examples.FemaleInfoCollector 类：

```java
public static class CollectionMapper extends
Mapper<Object, Text, Text, IntWritable> {
    // 分隔符。
    String delim;
    // 性别筛选。
    String sexFilter;
    // 姓名信息。
    private Text nameInfo = new Text();
    // 输出的 key,value 要求是序列化的。
    private IntWritable timeInfo = new IntWritable(1);
    /**
     * 分布式计算
     *
     * @param key Object ：原文件位置偏移量。
     * @param value Text ：原文件的一行字符数据。
     * @param context Context ：出参。
     * @throws IOException , InterruptedException
     */
    public void map(Object key, Text value, Context context)
    throws IOException, InterruptedException
    {
        String line = value.toString();
        if (line.contains(sexFilter))
        {
            // 读取的一行字符串数据。
            String name = line.substring(0, line.indexOf(delim));
            nameInfo.set(name);
```

```java
    // 获取上网停留时间。
    String time = line.substring(line.lastIndexOf(delim) + 1,
    line.length());
    timeInfo.set(Integer.parseInt(time));
    // map 输出 key, value 键值对。
    context.write(nameInfo, timeInfo);
    }
}
/**
 * map 调用，做一些初始工作。
 *
 * @param context Context
 */
public void setup(Context context) throws IOException,
InterruptedException
{
    // 通过 Context 可以获得配置信息。
    delim = context.getConfiguration().get("log.delimiter", ",");
    sexFilter = delim
            + context.getConfiguration()
            .get("log.sex.filter", "female") + delim;
}
}
```

下面代码通过类 CollectionCombiner 实现了在 map 端先合并一下 map 输出的数据，减少 map 和 reduce 之间传输的数据量。

```java
/**
 * Combiner class
 */
public static class CollectionCombiner extends
Reducer<Text, IntWritable, Text, IntWritable> {
    // Intermediate statistical results
    private IntWritable intermediateResult = new IntWritable();
    /**
     * @param key Text : key after Mapper
     * @param values Iterable : all results with the same key in this map task
     * @param context Context
     * @throws IOException , InterruptedException
     */
    public void reduce(Text key, Iterable<IntWritable> values,
    Context context) throws IOException, InterruptedException {
        int sum = 0;
        for (IntWritable val : values) {
            sum += val.get();
        }
        intermediateResult.set(sum);
        // In the output information, key indicates netizen information,
        // and value indicates the total online time of the netizen in this map task.
        context.write(key, intermediateResult);
    }
}
```

（2）编写 Reduce 处理逻辑，通过类 CollectionReducer 定义 Reducer 抽象类的 reduce()方法，代码如下：

```java
public static class CollectionReducer extends
Reducer<Text, IntWritable, Text, IntWritable>
{
    // 统计结果。
    private IntWritable result = new IntWritable();
    // 总时间门槛。
    private int timeThreshold;
    /**
     * @param key Text : Mapper 后的 key 项。
     * @param values Iterable : 相同 key 项的所有统计结果。
     * @param context Context
     * @throws IOException , InterruptedException
     */
    public void reduce(Text key, Iterable<IntWritable> values,
    Context context) throws IOException, InterruptedException
    {
        int sum = 0;
        for (IntWritable val : values) {
            sum += val.get();
        }
        // 如果时间小于门槛时间,不输出结果。
        if (sum < timeThreshold)
        {
            return;
        }
        result.set(sum);
        // reduce 输出为 key:网民的信息,value:该网民上网总时间。
        context.write(key, result);
    }
    /**
     * setup()方法只在进入 map 任务的 map()方法之前或者 reduce 任务的 reduce()方法之前调用一次。
     *
     * @param context Context
     * @throws IOException , InterruptedException
     */
    public void setup(Context context) throws IOException,
    InterruptedException
    {
        // Context 可以获得配置信息。
        timeThreshold = context.getConfiguration().getInt(
        "log.time.threshold", 120);
    }
}
```

(3)编写 main 方法,通过 main()方法创建一个 Job,指定参数,提交作业到 Hadoop 集群。

```java
public static void main(String[] args) throws Exception {
    // 初始化环境变量。
    Configuration conf = new Configuration();
    // 安全登录。
    LoginUtil.login(PRINCIPAL, KEYTAB, KRB, conf);
    // 获取入参。
    String[] otherArgs = new GenericOptionsParser(conf, args)
    .getRemainingArgs();
    if (otherArgs.length != 2) {
```

```
System.err.println("Usage: collect female info <in><out>");
System.exit(2);
}
// 初始化 Job 任务对象。
@SuppressWarnings("deprecation")
Job job = new Job(conf, "Collect Female Info");
job.setJarByClass(FemaleInfoCollector.class);
// 设置运行时执行 map，reduce 的类，也可以通过配置文件指定。
job.setMapperClass(CollectionMapper.class);
job.setReducerClass(CollectionReducer.class);
// 设置 combiner 类，默认不使用，使用时通常使用和 reduce 一样的类。
// Combiner 类需要谨慎使用，也可以通过配置文件指定。
job.setCombinerClass(CollectionReducer.class);
// 设置作业的输出类型。
job.setOutputKeyClass(Text.class);
job.setOutputValueClass(IntWritable.class);
FileInputFormat.addInputPath(job, new Path(otherArgs[0]));
FileOutputFormat.setOutputPath(job, new Path(otherArgs[1]));
// 提交任务交到远程环境上执行。
```

（4）准备并运行程序

在 Windows 端编译并运行程序，如图 4-9 所示。

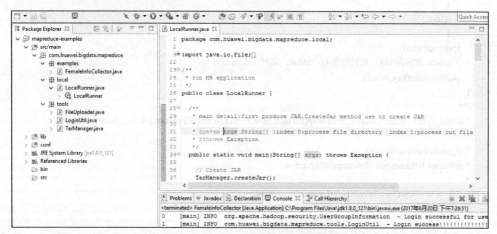

图 4-9　Windows 端编译并运行程序

通过控制台输出结果查看应用运行情况，如下所示：

```
0    [main] INFO   org.apache.hadoop.security.UserGroupInformation  - Login successful for user admin using keytab file
1    [main] INFO   com.huawei.bigdata.mapreduce.tools.LoginUtil    - Login success!!!!!!!!!!!!!!
……
17863 [main] INFO  org.apache.hadoop.yarn.client.api.impl.YarnClientImpl - Submitted application application_1497957308434_0002
17920 [main] INFO  org.apache.hadoop.mapreduce.Job   - The url to track the job: https://finode03:26001/proxy/application_1497957308434_0002/
17920 [main] INFO  org.apache.hadoop.mapreduce.Job   - Running job: job_1497957308434_0002
31364 [main] INFO  org.apache.hadoop.mapreduce.Job   - Job job_1497957308434_0002 running in uber mode : false
31416 [main] INFO  org.apache.hadoop.mapreduce.Job   -  map 0% reduce 0%
49196 [main] INFO  org.apache.hadoop.mapreduce.Job   -  map 50% reduce 0%
50303 [main] INFO  org.apache.hadoop.mapreduce.Job   -  map 100% reduce 0%
56695 [main] INFO  org.apache.hadoop.mapreduce.Job   -  map 100% reduce 100%
57787 [main] INFO  org.apache.hadoop.mapreduce.Job   - Job job_1497957308434_0004 completed successfully
```

通过 MapReduce 服务的 WebUI 进行查看登录 FusionInsight Manager，单击"服务管理＞MapReduce＞JobHistoryServer"进入 Web 界面后查看任务执行状态，如图 4-10 所示。

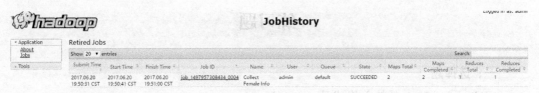

图 4-10　JobHistory

通过 YARN 服务的 WebUI 进行查看。登录 FusionInsight Manager，单击"服务管理＞YARN＞ResourceManager(主)"进入 Web 界面后查看任务执行状态，如图 4-11 所示。

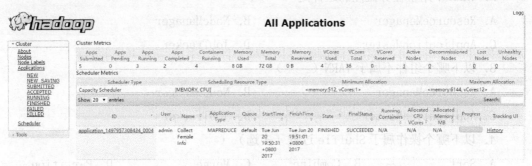

图 4-11　YARN 服务 WebUI

通过客户端 hdfs 命令查看运行结果如下所示，日志的运行结果显示两名女性的上网时长符合场景要求。

```
# hadoop dfs -cat /user/mapred/example/output/part-r-00000
CaiXuyu 300
FangBo 320
```

4.4　本章总结

MapReduce 是一种并行编程模型，它将运行在复杂的、大规模集群上的计算过程抽象成两个函数：Map 和 Reduce。Hadoop MapReduce 是基于 HDFS 的分布式编程框架，是 Google MapReduce 的开源实现。

MapReduce 任务的执行过程如下：从文件系统读取数据，进行分片后执行 Map 任务并输出中间结果，通过 Shuffle 过程将中间结果分区、排序、合并后发送给 Reduce 任务，执行 Reduce 任务得出最终结果并写入文件系统。第 4 章通过华为 FusionInsight HD 平台详细演示了 MapReduce 程序的运行过程。

第 4 章还介绍了 YARN 的技术原理。YARN 是 Hadoop 的资源管理调度系统，可以支持 MapReduce 以及 Spark、Storm 等计算框架。

练习题

一、选择题

1. Reduce Task 的输入格式是（　　）
   A. ⟨key, values⟩   B. ⟨key, (list of values)⟩
   C. ⟨(list of keys), (list of values)⟩   D. ⟨(list of keys), values⟩

2. YARN 中用于任务监控的组件是（　　）
   A. ResourceManager   B. NodeManager
   C. ApplicationMaster   D. JobTracker

3. 以下哪个组件不属于 YARN（　　）
   A. ResourceManager   B. NodeManager
   C. ApplicationMaster   D. JobTracker

4. 以下哪个操作属于 Shuffle 过程（多选）（　　）
   A. Sort   B. Combine   C. Merge   D. Partition

二、简答题

1. YARN 有什么优点？
2. 简述 MapReduce 的计算过程。
3. 介绍 NodeManager 资源分配的配置参数。

第5章
卡方独立性检验（HBase）

第5章
大数据数据库（HBase）

5.1　HBase概述
5.2　HBase的架构原理
5.3　FusionInsight HD中HBase的编程实践
5.4　本章总结
练习题

HBase 是基于谷歌 Bigtable 开发的开源分布式数据库,具有高可靠、高性能、面向列、可伸缩等特点。HBase 一般运行在 HDFS 上,主要用来存储非结构化和半结构化数据。HBase 通过水平扩展的方式实现大表数据(表的规模可以达到数十亿行以及数百万列)的存储,对大表数据的读、写访问可达到实时级别。

第 5 章首先介绍 HBase 的技术架构,包括:HBase 概述与应用、HBase 的系统架构与 HBase 的技术原理,然后介绍 HBase 在 FunsionInsight HD 上的编程实践。

学习目标
- 掌握 HBase 概念。
- 掌握 HBase 系统架构。
- 掌握 HBase 数据模型。
- 掌握 HBase 在 FunsionInsight HD 上的编程实践。

5.1　HBase 概述

5.1 节内容主要介绍 HBase 的概念与发展、HBase 与关系型数据库的区别以及 HBase 的应用场景。

5.1.1　HBase 简介

关系型数据库(Relational Database Management System,简称 RDBMS)是基于关

系模型建立的数据库，20 世纪 70 年代至今，关系型数据库得到了充分的发展，其中较为成功的发行版本包括：Oracle、DB2、PostgreSQL、Microsoft SQL Server、MySQL 等。

随着网络技术和软件技术的飞速发展，特别是 Web2.0 应用的普及，传统的 RDBMS 已经无法满足大量数据处理的需求。但包括 HBase 在内的非关系型数据库的出现，有效地弥补了传统 RDBMS 的不足，并在 Web2.0 的应用中得到了大量的应用。

HBase 基于谷歌公司的 BigTable 开发，这是一个高可靠性、高性能、面向列、可伸缩的分布式存储系统，适合于存储大表数据（表的规模可以达到数十亿行以及数百万列），并且对大表数据的读、写访问可以达到实时级别。

HBase 由 Powerset 公司在 2007 年发起，最初是 Hadoop 的一部分。在此之后，HBase 项目逐渐发展成为 Apache 软件基金会旗下的顶级项目。下面是 HBase 发展过程的简单概述：

2006 年 11 月，Google 发布 BigTable 论文。

2007 年 2 月，HBase 作为 Hadoop 项目的子项目成立。

2007 年 10 月，HBase 第一个可用版本发布（Hadoop 0.15.0）。

2010 年 5 月，HBase 成为 Apache 软件基金会的顶级项目。

2011 年 1 月，HBase 0.90.0 发布，该版本为面向所有用户的稳定版本。

2017 年 2 月，HBase 1.2.x 版本发布。

5.1.2　HBase 与关系型数据库的区别

HBase 提供海量数据存储功能，可以解决传统 RDBMS 在处理海量数据时的局限性。HBase 与传统 RDBMS 的区别主要体现在以下几个方面：

数据类型：RDBMS 采用关系模型，存储结构化数据。HBase 在存储数据时将各种类型的数据以字符串的形式进行保存，在做数据处理时需要编写程序把字符串解析成不同的数据类型。

存储模式：RDBMS 是基于行模式存储的，其行或元组会被连续地存储在磁盘扇区中，有利于增加/修改整行记录等操作和整行数据的读取操作。用户即使只查询元组中的某个属性也会读取到整个元组的全部内容。对于大量数据的处理，RDBMS 在读取及存储方面会消耗较多的磁盘空间和内存。非关系型数据库是基于列的存储，在用户查询时只需要返回对应的列，有利于面向单列数据的读取/统计等操作。大大降低了 I/O 开销，因此可以支持更多用户同时进行查询。但是做整行读取时，需要多次 I/O 操作。HBase 支持列压缩存储，可以节省存储空间。RDBMS 的表需要预先定义好，HBase 表的结构不固定，可以对它的列做动态扩展。

可扩展性：RDBMS 横向扩展（增加服务器数量）的扩展性较差，纵向扩展（增加单台服务器的容量和性能）的空间也比较有限。HBase 是为了实现灵活水平扩展而开发的分布式数据库，能够很方便地通过增加硬件节点来实现存储空间和性能的扩展。

5.1.3 HBase 的应用场景

HBase 适合具有如下需求的应用：

- 海量数据（TB、PB）。
- 高吞吐量。
- 需要在海量数据中实现高效的随机读取。
- 性能可伸缩。
- 能够同时处理结构化和非结构化的数据。
- 不需要完全拥有传统关系型数据库所具备的 ACID 特性。

ACID 原则是数据库事务正常执行的四个特性，分别指原子性、一致性、独立性及持久性。

原子性（Atomicity）：指一个事务要么全部执行，要么不执行，也就是说一个事务不可能只执行了一半就停止了。

一致性（Consistency）：指事务的运行并不改变数据库中数据的一致性。例如，完整性约束了 a+b=10，一个事务改变了 a，那么 b 也应该随之改变。

独立性（Isolation）：事务的独立性也可称为隔离性，是指两个以上的事务不会出现交错执行的状态，因为这样可能会导致数据不一致。

持久性（Durability）：事务的持久性是指事务执行成功以后，该事务对数据库所作的更改便是持久地保存在数据库之中。

5.2 HBase 的架构原理

5.2 节主要介绍 HBase 的数据模型、HBase 的系统架构与功能组件，并分析了 HBase 的读写流程和 Compaction 过程。

5.2.1 HBase 的数据模型

HBase 中，数据存储在由行和列组成的表中，HBase 的表是稀疏的，多维映射的。HBase 用键值对<key,value>的方式存储数据。每个值都是未经解释的字符串，通过行键、列族、列限定符、时间戳等信息进行定位。

1. 表（Table）

HBase 采取表的形式存储数据，表由行和列组成。

2. 行（Row）

HBase 中的行由行键（RowKey）和若干列组成。行是通过行键按字典顺序进行排序的，因此行键的设计非常重要，好的行键设计可以将内容相关的行排列到相邻位置，方便查找和读取。以存储网页内容为例，将 URL 作为行键，如 org.apache.www、org.apache.mail，可以将相邻子网页存储在相邻的位置。

3. 列族（Column Family）

一个表在水平方向上由一个或多个列族组成。一个列族可以由任意多个列组成，列族在表创建时就需要预先设定好。

列族是 Region 的物理存储单元。同一个 Region 下面的多个列族，位于不同的 Store 下面。

列族信息是表级别的配置。同一个表的多个 Region，都拥有相同的列族信息（例如，都有两个列族，且不同 Region 的同一个列族配置信息相同）。不是每一行下的列族或列中都存储了信息，因此说 HBase 的表是稀疏的。

4. 列限定符（Column Qualifier）

列族中添加不同的列限定符可以对数据进行划分定位，列限定符以列族名作为前缀，用":"连接后缀。例如以"content"为列族，那么列限定符则可以是"content:xxxx"。列限定符是列族下的一个标签，可以在写入数据时任意添加，支持动态扩展，无需预先定义列的数量和类型。

5. 单元格（Cell）

一个单元格保存了一个值的多个版本，单元格通过行键、列族和列限定符进行定位，每个版本对应一个时间戳。

6. 时间戳（TimeStamp）

HBase 每个值都会带一个时间戳，时间戳标识了这个值的版本。默认情况下，在一个值发生变化（写入、更新、删除）时，所在的 HRegionServer 会自动为其创建一个时间戳。用户也可以在值发生变化时自定义时间戳。如果一个值有多个版本，在用户查询时默认返回最新的版本。HBase 保存的版本数可以自定义，当超过设置的版本数时，新的版本会替换掉最早的版本。

5.2.2 表和 Region

一个 HBase 集群中维护着多张表，每张表可能包含非常多的行，在单台机器上无法全部存储，HBase 会将一张数据表按行键的值范围横向划分为多个子表，实现分布式存储，如图 5-1 所示。这些子表，在 HBase 中被称作"Region"，Region 是 HBase 分布式存储的基本单元。每一个 Region 都关联一个行键值的范围，即一个使用 StartKey 和 EndKey 描述的区间。事实上，每一个 Region 仅仅记录 StartKey 就可以了，因为它的 EndKey 就是下一个 Region 的 StartKey。

每张表最开始值包含一个 Region，随着表中数据的不断增大，Region 中的行数超过一定阈值时就会分裂为两个新的Region。

Region 分为元数据 Region 以及用户 Region（User Region）两类。用户 Region 用于存储普通数据，元数据 Region 包括 .META. 表和 -ROOT- 表，用于存储 Region 的位置信息。.META. 表记录了每一个用户 Region 的路由信息，用户可以通过 .META. 表查询到要访问的 Region 所在的 HRegionServer，从而与其建立通信进行数据操作。.META. 表的路由信息存储在 -ROOT- 表中，-ROOT- 表不可被分割，只有一个 Region。用户可以通过访问 ZooKeeper 服务器来获得 -ROOT- 表的位置。

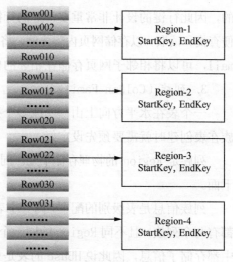

图 5-1 Region 的划分

从 HBase0.96.0 开始，-ROOT- 表的设置已被移除，.META. 表改名为 hbase:meta，hbase:meta 的位置信息直接保存在 ZooKeeper 中。

5.2.3 HBase 的系统架构与功能组件

如图 5-2 所示，HBase 采用 Master/Slave 架构，主要角色包括 Master 服务器（HMaster，管理节点）、Region 服务器（HRegionServer，数据节点）、ZooKeeper 服务器以及客户端。HBase 一般以 HDFS 作为其底层存储来实现数据的高可用，其本身不具备数据复制的功能。

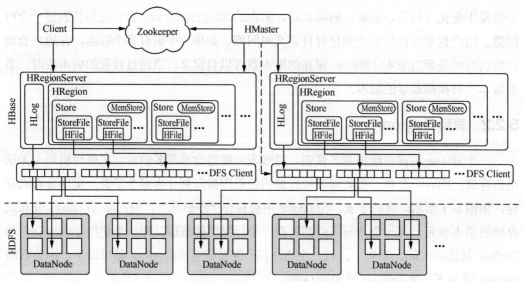

图 5-2 HBase 的系统架构

1. HMaster

HMaster 是主节点，它主要负责 HRegionServer 的管理以及元数据的更改，包括以下内容：新 HRegionServer 的注册、表的增删改查、HRegionServer 的负载均衡，Region（表的分区，存储在 Region 服务器上）的分布调整、Region 分裂以及分裂后的 Region 分配、HRegionServer 失效后的 Region 迁移等。

HMaster 采用主备模式部署，集群启动时，通过竞争获得主 HMaster 角色。主 HMaster 只能有一个，备 HMaster 进程在集群运行期间处于休眠状态，不干涉任何集群事务。当主用 Master 故障时，备用 Master 将取代主用 Master 对外提供服务。

2. HRegionServer

HRegionServer 是 HBase 的从节点，它负责提供表数据读写等服务，是数据存储和计算单元。HRegionServer 一般与 HDFS 集群的 DataNode 部署在一起，实现数据的存储功能。一台 HRegionServer 管理多个 Region 对象和一个 HLog 文件。

一个 Region 由一个或多个 Store 组成。每个 Store 存储该 Region 一个列族的数据。一个 Store 包含一个 MemStore 缓存以及若干 StoreFile 文件，MemStore 缓存客户端向 Region 插入的数据，当 HRegionServer 中的 MemStore 大小达到配置的容量上限时，RegionServer 会将 MemStore 中的数据刷新（Flush）到 HDFS 中。MemStore 的数据刷新到 HDFS 后成为 HFile，HFile 定义了 StoreFile 在文件系统中的存储格式，它是当前 HBase 系统中 StoreFile 的具体实现。随着数据的插入，一个 Store 会产生多个 StoreFile，当 StoreFile 的个数达到配置的最大值时，RegionServer 会将多个 StoreFile 合并为一个大的 StoreFile。

HLog 日志是一种预写式日志（Write Ahead Log），用户更新数据时需要先写入 HLog 再写入 MemStore，MemStore 中的数据被刷新到 StoreFile 之后才会在 HLog 中清除对应的记录，这样的设计保证了当 HRegionServer 故障时，用户写入的数据不丢失，一台 HRegionServer 的所有 Region 共享同一个 HLog。

3. ZooKeeper

ZooKeeper 为 HBase 集群各进程提供分布式协作服务。各 HRegionServer 将自己的信息注册到 ZooKeeper 中，HMaster 据此感知各个 HRegionServer 的健康状态。

HBase 还通过 ZooKeeper 实现 HMaster 的高可用。ZooKeeper 存储 HBase 的如下信息：HBase 元数据、HMaster 地址。当 HMaster 主节点出现故障时，HMaster 备用节点会通过 ZooKeeper 获取主 HMaster 存储的整个 HBase 集群状态信息，接管 HMaster 主节点的工作。

4. Client

客户端通过 HBase 的元数据找到所需数据所在的 HRegionServer 进行访问（HBase 的元数据存储在 ZooKeeper 中，因此客户端在做读取操作时不需要与 HMaster 进行通信，这样的设计减少了 HMaster 的负担），客户端会在缓存中维护访问过的 Region 位置信息，下次访问时就可以跳过向 ZooKeeper 寻址的过程。如果缓存中位置信息所指向的 HRegionServer 失效或 Region 已被迁移到其他服务器，客户端在查找不到该 Region 的情况下，会重新查询元数据以获取该 Region 的新地址。除了读取 HRegionServer 的信息外，客户端还可以与 HMaster 通信做表的修改。

5.2.4　HBase 的读写流程

1. HBase 的读流程

HBase 的读流程如下：

- 客户端发起请求，与 ZooKeeper 服务器通信获取 hbase:meta 所在的 HRegion Server，记为 HRegionServer A；
- 访问 HRegionServer A 中的 hbase:meta，hbase:meta 中记载着各个 User Region 信息（行键范围，所在 RegionServer 等），通过行键查找 hbase:meta 获取所要读取的 Region 所在 HRegionServer，记为 HRegionServer B；
- 请求发送到 HRegionServer B，HRegionServer B 先查询 MemStore，如果未查询到目标数据，则在 HFile 中查找；
- 查询到数据后返回到客户端。

2. HBase 的写流程

HBase 的写流程如下：

- 客户端发起请求，与 ZooKeeper 服务器通信获取 hbase:meta 所在 HRegionServer，记为 HRegionServer A；
- 客户端访问 HRegionServer A 中的 hbase:meta，hbase:meta 中记载着每个 User Region 信息（行键范围，所在 RegionServer），通过行键查找 hbase:meta 获取本次写入操作所涉及的 HRegionServer（HBase 写入操作可能会涉及多个 HRegionServer，在写入前 HBase 会对数据进行分组，分组共两步：首先将所有的记录按 RegionServer 划分，然后将同一 RegionServer 所有的记录按 Region 划分。每个 RegionServer 上的数据会一起发送，这样发送的数据中，都是已经按照 Region 分好组了）；
- 客户端按 RegionServer 和 Region 将数据打包发送到对应的 HRegionServer，RegionServer 将数据写入对应的 Region；
- 客户端发送完待写数据后，会自动等待请求处理结果，如果客户端没有捕获到任何的异常，则认为所有数据写入成功。如果全部写入失败，或者部分写入失败，客户端能够获知详细的失败 Key 值列表。

如图 5-3 所示，HRegionServer 在写入数据时，会先将数据写入 HLog 中，再将需要写入的数据暂时保存在对应 Region 的缓存 MemStore 中。这样一来可以减少数据直接写入磁盘带来的写入延迟，提高写入效率；另外数据先写入 HLog 可以避免 HRegionServer 故障时造成缓存数据的丢失。

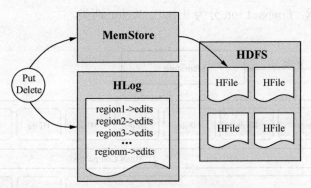

图 5-3　HRegionServer 的数据写入

达到一定预设条件时，HBase 会将 MemStore 中的数据写入磁盘生成 HFlie 文件，并清空 MemStore 及 HLog 中的对应记录，这个过程称为刷盘（Flush）。

当满足如下六种场景之一，就会触发 Region 的 MemStroe Flush 操作：

- 当一个 Region 的任意一个 MemStore 的数据量达到了预设的 Flush Size 阈值时，该 Region 的所有 MemStore 中的数据会被 Flush 到磁盘上。
- 当一个 Region 中所有 MemStore 的大小总和达到了上限，会触发 Flush 操作，将该 Region 的所有 MemStore 中的数据 Flush 到磁盘上。
- 当同一台 HRegionServer 的全部 MemStore 占用的内存总量和该 HRegionServer 总内存量比值超出了预设的阈值大小时，会触发该 HRegionServer 上的所有 MemStore 执行 Flush 操作。这种场景下，在 MemStore 占用内存的总量没有降低到预设的阈值以下之前，可能会较长时间堵塞。
- 当 HLog 文件的大小达到阈值时，会触发该 HRegionsServer 上不同 Region 的所有 MemStore 执行 Flush 操作，以减小 HLog 文件的大小。
- HBase 默认每小时定期刷新 MemStore，确保 MemStore 及时持久化。MemStore 定期的 Flush 操作有 20 秒左右的随机延时，这样可以避免所有 MemStore 同一时间进行 Flush 导致的系统性能问题。
- 手动执行 Flush：用户可以通过 Shell 命令对一个表或者一个 Region 执行 Flush 操作。

5.2.5　HBase 的 Compaction 过程

当随着时间的增长，业务数据不断写入到 HBase 集群中，HFile 的数目会越来越多，那么针对同样的查询，需要同时打开的文件也就可能越来越多，从而增加了查询延时，降低查询效率。

当 HFile 文件过多时,HBase 就会启动一个 Compation 的操作。Compaction 的主要目的,是为了减少同一个 Region 同一个列族下面的小文件数目,从而提升读取的性能。

如图 5-4 所示,Compaction 分为 Minor、Major 两类。

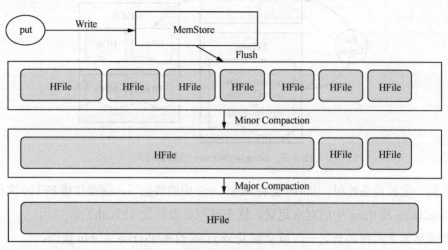

图 5-4 HBase 的 Compaction 过程

Minor:小范围的 Compaction。Minor Compation 有最少和最大文件数目限制,默认最少选择 3 个 HFile,最多 10 个,通常会选择一些连续时间范围的小文件进行合并。Minor Compaction 选取文件时,遵循一定的算法。

Major:Major Compaction 会将一个 Region 中的某个 ColumnFamily 下面所有的 HFile 合并成一个 HFile。HBase 默认一天进行一次 Major Compaction。Major Compaction 过程中,会清理被删除的数据。

5.3 FusionInsight HD 中 HBase 的编程实践

5.3 节首先介绍 FusionInsight HD 中 HBase 的常用参数配置,然后介绍 HBase 的常用接口,包括:HBase 的常用 Shell 命令和 HBase 的 Java API。其中 HBase Shell 是 HBase 最简单的接口,适合 HBase 管理使用;HBase Java API 可以使客户端通过底层 RPC 接口与 HBase 集群进行通信,主要用于 HBase 应用开发。

5.3.1 FusionInsight HD 中 HBase 的常用参数配置

HBase 服务端的配置项都可以在华为 FusionInsight HD Manager 页面上进行配置,具体操作为登录到 FusionInsight HD Manager,选择服务管理-HBase-HBase 服务配置。

如图 5-5 所示。

图 5-5　FusionInsight HD 中 HBase 配置项

HBase 的可配项众多，例如 GC_OPTS 选项是配置运行 Master 进程的 JVM 参数、hbase.replication 选项是配置控制 HBase 集群是否使用 Replication 功能等。表 5-1 列出相对常用的关键配置项及对应配置项的说明，实际的配置参数需根据说明和具体使用场景选择配置项调整，见表 5-1。

表 5-1　　　　　　　　　　　HBase 常用的关键配置项

关键配置项	说明
GC_OPTS	运行 Master 进程的 JVM 参数，适当地调整该参数可以优化进程的性能
hbase.master.logcleaner.ttl	设置 HLog 的保存期限，默认值为 3 天。如果需要尽快释放 HLog 占用的磁盘空间，可以修改该值
hbase.master.cleaner.interval	设置检测 Hlog 文件的间隔时间
hbase.master.handler.count	Master 处理事务的线程数，如果 Master 十分繁忙或者 Region Server 数很多时，可以适当增大该值
hbase.replication	控制 HBase 集群是否使用 Replication 功能
hbase.sessioncontrol.enable	开启或关闭 Master 连接数的控制策略。默认策略可以控制最大总连接数、每个用户最大连接数和单位时间内的最大连接数
hbase.log.maxbackupindex	配置保留 Master 运行日志文件的最大数量
hbase.log.maxfilesize	配置每个 Master 运行的日志文件大小的最大值
hbase.regionserver.maxlogs	为 Flush 数据的 HLog 的最大个数

（续表）

关键配置项	说明
hbase.regionserver.handler.count	Region Server 处理事务的线程数上限
hbase.regionserver.global.memstore.size	一个 RegionServer 上支持的所有 MemStore 的总和大小上限
hfile.block.cache.size	设置读缓存空间占进程总内存大小的比例
hbase.hregion.max.filesize	设置每个 Region 的大小上限
hbase.hregion.memstore.flush.size	每个 Region 的写缓存达到指定值的时候，就需要 Flush 到文件系统中
hbase.hregion.majorcompaction	设置自动运行 Major Compaction 的间隔时间。如果设置为 0，将会禁用自动运行 Major Compaction 功能
hbase.hstore.compaction.min hbase.hstore.compaction.max	指定 Compaction 时的最小和最大文件数
hbase.hstore.compaction.max.size	当 HFile 的大小超过指定值，在 Minor Compaction 中该文件不会再进行合并
hbase.regionserver.thread.compaction.throttle	Compaction（major 和 minor）请求进入不同 compact 线程池的临界点

场景举例，用户业务场景需求有以下几点：

（1）数据导入采取 bulkload 批量导入方式；

（2）业务场景中没有实时插入场景；

（3）需要高并发的顺序读。

那么根据这个相对典型的应用场景，我们可以调整以下参数：由于没有实时插入的场景，可以把 hbase.regionserver.global.memstore.size 适当调小；由于同时还需要高并发的顺序读性能，可以把 hfile.block.cache.size 适当调大，并把 hbase.regionserver.handler.count 适当调大点。

5.3.2 HBase 的常用 Shell 命令

HBase 提供了一个简单快捷的 Shell 终端供用户使用，通过在 HBase Shell 终端运行命令可以实现对表、列族、列等进行操作管理。

在华为 FuisonInsight HD 平台中操作需要登录安装客户端的节点，然后切换工作目录到客户端安装目录下，执行 Source 命令配置环境变量，执行 Kinit 命令进行用户登录认证操作。

```
#cd /opt/hadoopclient/
#source bigdata_env
#kinit 组件业务用户（例如：admin）
```

登录完成后，在终端上运行"hbase shell"命令，登录到 HBase 的 Shell 环境，若执行"help"命令，系统则会返回 HBase 支持的所有 Shell 命令到当前终端。

```
# hbase shell
HBase Shell; enter 'help<RETURN>' for list of supported commands.
```

```
Type "exit<RETURN>" to leave the HBase Shell
Version 1.0.2, rUnknown, Thu May 12 17:02:55 CST 2016
#这里显示 HBase 版本信息为 Version 1.0.2，输入"help"命令可以获取支持的命令，输入"exit"命令退出 HBaseshell。
hbase(main):001:0> help
HBase Shell, version 1.0.2, rUnknown, Thu May 12 17:02:55 CST 2016
COMMAND GROUPS:
  Group name: general
  Commands: status, table_help, version, whoami

  Group name: ddl
  Commands: alter, alter_async, alter_status, create, describe, disable, disable_all, drop, drop_all, enable, enable_all, exists, get_clusterState, get_table, is_disabled, is_enabled, list, set_clusterState_active, set_clusterState_standby, show_filters
  ……
```

以上省略信息为"help"命令输出的 HBase 支持的所有 Shell 命令，详见表 5-2。

表 5-2　　　　　　　　　　HBase 支持的所有 Shell 命令

命令组名称	命令
general	status, table_help, version, whoami
ddl	Commands: alter, alter_async, alter_status, create, describe, disable, disable_all, drop, drop_all, enable, enable_all, exists, get_clusterState, get_table, is_disabled, is_enabled, list, set_clusterState_active, set_clusterState_standby, show_filters
namespace	alter_namespace, create_namespace, describe_namespace, drop_namespace, list_namespace, list_namespace_tables
dml	append, count, delete, deleteall, get, get_counter, get_splits, incr, put, scan, truncate, truncate_preserve
tools	Commands: assign, balance_switch, balancer, catalogjanitor_enabled, catalog janitor_run, catalogjanitor_switch, close_region, compact, compact_mob, compact_rs, flush, major_compact, major_compact_mob, merge_region, move, split, trace, unassign, wal_roll, zk_dump
replication	add_peer, append_peer_tableCFs, disable_peer, disable_table_replication, enable_peer, enable_table_replication, list_peers, list_replicated_tables, list_replication_hdfs_confs, remove_all_replication_hdfs_confs, remove_peer, remove_peer_tableCFs, remove_replication_hdfs_confs, set_peer_tableCFs, set_replication_hdfs_confs, show_peer_tableCFs
snapshots	clone_snapshot, delete_all_snapshot, delete_snapshot, list_snapshots, restore_snapshot, snapshot
configuration	update_all_config, update_config
quotas	list_quotas, set_quota
Security	grant, revoke, user_permission
visibility labels	add_labels, clear_auths, get_auths, list_labels, set_auths, set_visibility
Backup Restore	backup, list_backups, remove_backups, restore, stop_backup, stop_restore

数据库的基本操作通常被称作 CRUD（Create、Read、Update、Delete），即增、查、改、删操作。HBase 命令中 ddl 类中有相应的命令，下面我们简单介绍 HBase 的 CRUD 相关操作的命令。

1. 创建表（Create）

创建表时，可以选择多个参数，但表名和列族名是必选的参数，其他参数还包括版本数、TTL 以及预分 Region 建表的 key 数组等。

hbase> create 't1', {NAME => 'f1', VERSIONS => 5}

hbase>#上面命令表示创建表 t1，列族为 f1，列族版本号为 5。

hbase> create 't1', {NAME => 'f1'}, {NAME => 'f2'}, {NAME => 'f3'}

hbase>#上面命令表示创建表 t1，有三个列族分别为 f1、f2、f3，下面是更简洁的写法。

hbase> create 't1', 'f1', 'f2', 'f3'

hbase> create 't1', {NAME => 'f1', VERSIONS => 1, TTL => 2592000, BLOCKCACHE => true}

hbase>#上面命令表示创建表 t1，列族为 f1，列族版本为 1，列族 TTL 值为 2592000 且开启 BLOCKCACHE。

hbase> create 't1', 'f1', {SPLITS => ['10', '20', '30', '40']}

hbase>#上面命令表示创建表 t1，并指定 4 个 Region 分切点。

hbase> create 't1', 'f1', {NUMREGIONS => 15, SPLITALGO => 'HexStringSplit'}

hbase>#上面命令表示创建表 t1，并将表依据分隔算法"HexStringSplit"分布到 15 个 Region 里。

2. 读取表信息（get、scan、list、count）

get 命令用于获取表单行数据，必选参数是表名和 RowKey，可选参数包括列名（包括列族和列名）、时间戳、版本数等。

hbase> get 't1', 'r1'

hbase>#上面命令表示获取表 t1、行 r1 的数据。

hbase> get 't1', 'r1', {COLUMN => 'c1', TIMESTAMP =>[ts1,ts2], VERSIONS => 4}

hbase>#上面命令表示获取表 t1、行 r1、列 c1、时间为范围是[ts1,ts2]，列族版本号为 4 的数据。

scan 命令用于查询多行数据，必选参数是表名，可选参数包括列名（包括列族和列名）、起止 Key、Filter。

hbase> scan '.META.'
hbase>#上面命令表示浏览表.META.的数据。
hbase> scan '.META.', {COLUMNS => 'info:regioninfo'}

hbase>#上面命令表示浏览表.META.、列 info:regioninfo 的数据。

hbase> scan 't1', {COLUMNS => 'c1', TIMERANGE => [1303668804, 1303668904]}

hbase>#上面命令表示浏览表 t1、列 c1 时间范围为[1303668804, 1303668904]的数据。

list 命令用于列出 HBase 中所有表信息，此命令较简单，不做举例说明。

count 命令用于统计表的行数。

hbase> count 't1'

hbase>#上面命令表示统计表 t1 的行数。

3. 更改表信息（alter、put）

alter 命令用于修改列族模式。

```
hbase> alter 't1', NAME => 'f1'
```
hbase>#上面命令表示向表 t1 中添加列族 f1。
```
hbase> alter 'ns1:t1', NAME => 'f1', METHOD => 'delete'
```
hbase>#上面命令表示删除表 t1 的列族 f1，更简便的写法如下。
```
hbase> alter 'ns1:t1', 'delete' => 'f1'
hbase> alter 't1', MAX_FILESIZE => '134217728'
```
hbase>#上面命令表示设置表 t1 的最大值为 134217728KB（字节），即 128MB（兆）。

put 命令用于向表、行、列指定的单元格添加数据。
```
hbase> put 't1', 'r1', 'f1:c1', 'value'
```
hbase>#上面命令表示向表 t1、行 r1、列 c1 中添加"value"。

4. 删除表信息（delete、drop）

delete 用于删除指定单元格的数据。
```
hbase> delete 't1', 'r1', 'c1', ts1
```
hbase>#上面命令表示删除表 t1、行 r1、列 c1 的时间戳为 ts1 的单元格。
```
hbase> delete 'ns1:t1', 'r1', 'c1', ts1
```
hbase>#上面命令表示删除命名空间 ns1 中表 t1、行 r1、列 c1 的单元格 ts1。

drop 用于删除表，此命令较简单，不做举例说明。

对于 HBase 中的其他命令，读者可以通过 help 命令来获取相应的帮助信息，包括命令的用法和作用等。

5.3.3 HBase 常用的 Java API 及应用实例

FusionInsight HD 的 HBase 提供的 Java API 与 Apache HBase 保持一致。HBase 的 Java API 主要包括：HBaseAdmin、HBaseConfiguration、Table、TableDescriptorBuilder、Put、Get 以及 Scanner。这些 Java API 与 HBase 数据模型之间的对应关系见表 5-3。下面介绍这些常用 Java 类的功能用法及具体的编程应用实例。

表 5-3　　HBase 的 Java API 与 HBase 数据模型之间的对应关系

HBase 数据模型	Java 类
数据库（DataBase）	HBaseAdmin、HBaseConfiguration
表（Table）	Table
列族（Column Family）	TableDescriptorBuilder
列限定符（Column Qualifier）	Put、Get、Scanner

1. HBase 常用的 Java API

（1）org.apache.hadoop.hbase.client.Admin：主要用于管理 HBase 的表信息，提供创建表、列出表项、添加或删除表列族成员、删除表以及使表有效或无效等方法，见表 5-4。

表 5-4　　　　　　　　　　　Admin 接口的主要方法和描述

返回值	方法	描述
void	addColumnFamily(TableName tableName, HColumnDescriptor columnFamily)	向表添加列
void	createTable(HTableDescriptor desc)	创建表
void	deleteTable(TableName tableName)	删除表
void	enableTable(TableName tableName)	使表处于有效状态
void	disableTable(TableName tableName)	使表处于无效状态
HTableDescriptor[]	listTables()	列出所有用户控件表项
void	modifyTable(TableName tableName, HTableDescriptor htd)	修改表的模式，异步的操作
boolean	tableExists(TableName tableName)	检查表是否存在

（2）org.apache.hadoop.hbase.HBaseConfiguration：主要用于对 HBase 进行配置管理，其主要方法见表 5-5。

表 5-5　　　　　　　　HBaseConfiguration 接口的主要方法和描述

返回值	方法	描述
static	create()	使用默认的配置文件创建配置
static	createClusterConf(org.apache.hadoop.conf.Configuration baseConf, String clusterKey)	应用 ZooKeeper 配置创建集群配置实例
static	addHbaseResources(org.apache.hadoop.conf.Configuration conf)	向当前配置添加参数 conf 中的配置信息
staticvoid	merge(org.apache.hadoop.conf.Configuration destConf, org.apache.hadoop.conf.Configuration srcConf)	合并两个配置

（3）org.apache.hadoop.hbase.client.Table：用来和 HBase 表直接通信，其主要方法见表 5-6。

表 5-6　　　　　　　　　　　Table 接口的主要方法和描述

返回值	方法	描述
Boolean	checkAndPut(byte[] row, byte[] family, byte[] qualifier, byte[] value, Put put)	自动检查 row/family/qualifier 是否与给定的值相匹配
void	close()	释放所有的资源，并根据缓冲区中数据的变化更新 table
Boolean	exists(Get get)	检查 Get 实例所指定的值是否存在于 HTable 的列
Result	get(Get get)	获取指定行的某些单元格所对应的值
ResultScanner	getScanner(byte[] family)	获取当前给定列族的 scanner 实例
HTableDescriptor	getTableDescriptor()	获取当前表的 HTableDescriptor 实例
TableName	getName()	获取当前表格名字实例
void	put(Put put)	向表中添加值

（4）org.apache.hadoop.hbase.TableDescriptorBuilder：它包含了 HBase 中表的名字及其对应表的详细信息，如列族、表类型等，其主要方法见表 5-7。

表 5-7　　　　　　　　　　Table 接口的主要方法和描述

返回值	方法	描述
TableDescriptorBuilder	addColumnFamily(ColumnFamilyDescriptor family)	添加一个列族
TableDescriptorBuilder	removeColumnFamily(byte[] name)	移除一个列族
TableDescriptorBuilder	setValue(byte[] key, byte[] value)	设置属性的值

（5）org.apache.hadoop.hbase.client.Put：用来对单个行执行添加操作，其主要方法见表 5-8。

表 5-8　　　　　　　　　　Table 接口的主要方法和描述

返回值	方法	描述
Put	add(byte[] family, byte[] qualifier, byte[] value)	将指定的列族以及对应的值添加到 Put 实例中
List<Cell>	get(byte[] family, byte[] qualifier)	获取列族和列限定符指定列中的所有单元格
boolean	has(byte[] family, byte[] qualifier)	检查列族和列限定符指定列是否存在
boolean	has(byte[] family, byte[] qualifier, long ts)	检查列族、列限定符、限定时间戳指定列是否存在

（6）org.apache.hadoop.hbase.client.Get：它用来获取单个行的相关信息，其主要方法见表 5-9。

表 5-9　　　　　　　　　　Table 接口的主要方法和描述

返回值	方法	描述
Get	addColumn(byte[] family, byte[] qualifier)	获取指定列族和列限定符对应的列
Get	addFamily(byte[] family)	通过指定的列族获取其对应列的所有值
Get	setTimeRange(long minStamp, long maxStamp)	获取指定时间的列的版本号
Get	setFilter(Filter filter)	执行 Get 操作时设置服务器端的过滤

（7）org.apache.hadoop.hbase.client.Scan：是客户端获取值的接口，其主要方法见表 5-10。

表 5-10　　　　　　　　　　Table 接口的主要方法和描述

返回值	方法	描述
Scan	addColumn(byte[] family, byte[] qualifier)	限定查找的列族
Scan	addFamily(byte[] family)	限定列族和列限定符指定的列
Scan	setFilter(Filter filter)	指定筛选器过滤不需要的数据
Scan	setLimit(int limit)	设置限定行的过滤
Scan	setMaxVersions()	限定最大的版本个数

2. HBase 编程应用实例

通过典型的业务场景，我们可以快速学习和掌握 HBase 的开发过程，并且对关键的接口方法有所了解。

(1) 业务场景

假定用户开发一个应用程序,用于管理企业中的使用 A 业务的用户信息,见表 5-11,A 业务操作流程如下:

1) 创建用户信息表。

2) 在用户信息中新增用户的学历、职称等信息。

3) 根据用户编号查询用户姓名和地址。

4) 根据用户姓名进行查询。

5) 查询年龄段在[20-29]之间的用户信息。

6) 统计用户信息表的人员数、年龄最大值、年龄最小值、平均年龄。

7) 删除用户信息表中某用户的数据。

8) A 业务结束后,删除用户信息表。

表 5-11　　　　　　　　　　　　　用户信息

编号	姓名	性别	年龄	地址
12005000201	张三	男	19	广东省深圳市
12005000202	李婉婷	女	23	河北省石家庄市
12005000203	王明	男	26	浙江省宁波市
12005000204	李四	男	18	湖北省襄阳市
12005000205	赵恩如	女	21	江西省上饶市
12005000206	陈龙	男	32	湖南省株洲市
12005000207	周微	女	29	河南省南阳市
12005000208	杨艺文	女	30	重庆市开县
12005000209	徐兵	男	26	陕西省渭南市
12005000210	肖凯	男	25	辽宁省大连市

(2) 开发思路

根据上述的业务流程进行功能分解,需要开发的功能点如下:

1) 根据表 5-11 中的信息创建表。

2) 导入用户数据。

3) 增加"教育信息"列族,在用户信息中新增用户的学历、职称等信息。

4) 根据用户编号查询用户姓名和地址。

5) 根据用户姓名进行查询。

6) 为提升查询性能,创建二级索引或者删除二级索引。

7) 用户销户,删除用户信息表中该用户的数据。

8) A 业务结束后,删除用户信息表。

(3) 开发代码样例

以下代码段中第 1~2 段代码包含了用户登录信息、安全认证信息等配置信息以及创建客户端连接的操作。第 3 段代码实现创建表功能；第 4 段代码实现导入数据到表中功能；第 5 段代码实现修改表信息功能，如增加"教育信息"列族等；第 6~8 段代码实现查询数据信息功能；第 9~11 段代码实现创建二级索引、通过二级索引提高查询效率以及删除二级索引功能；第 12 段代码实现删除用户信息功能；第 13 段代码实现删除表功能。

1）创建 Configuration

HBase 通过 login 方法来获取配置项。包括用户登录信息、安全认证信息等配置项。下面代码片调用登录代码会返回一个 Configuration 对象，完整代码请参见 com.huawei.hadoop.hbase.example。

```
public Configuration login(String keytabFile, String principal) throws Exception {
    Configuration conf = HBaseConfiguration.create();
    if (User.isHBaseSecurityEnabled(conf)) {
        String confDirPath = System.getProperty("user.dir")
            + File.separator + "conf" + File.separator;
        // jaas.conf 文件，包含在客户端安装包中。
        System.setProperty("java.security.auth.login.config", confDirPath + "jaas.conf");
        System.setProperty("zookeeper.server.principal", "zookeeper/hadoop.hadoop.com");
        // 设置 kerberos 服务器信息。
        System.setProperty("java.security.krb5.conf", confDirPath + "krb5.conf");
        // 设置 keytab 文件名称。
        conf.set("username.client.keytab.file", confDirPath + keytabFile);
        // 设置用户的 principal 名称。
        try {
            conf.set("username.client.kerberos.principal", principal);
            User.login(conf, "username.client.keytab.file",
                "username.client.kerberos.principal", InetAddress
                .getLocalHost().getCanonicalHostName());
        } catch (Exception e) {
            throw new Exception("Login failed.");
        }
    }
    return conf;
}
```

2）创建 Connection

HBase 通过 ConnectionFactory.createConnection(configuration) 方法创建 Connection 对象。传递的参数为上一步创建的 Configuration。Connection 封装了底层与各实际服务器的连接以及与 ZooKeeper 的连接。

Connection 通过 ConnectionFactory 类实例化。创建 Connection 是重量级操作，Connection 是线程安全的，因此，多个客户端线程可以共享一个 Connection。典型的用法，一个客户端程序共享一个单独的 Connection, 每一个线程获取自己的 Admin 或 Table 实例，然后调用 Admin 对象或 Table 对象提供的操作接口。不建议缓存或者池化 Table、Admin。Connection 的生命周期由调用者维护，调用者通过调用 close()，释放资源。

以下代码片段，主要是登录，创建 Connection 并创建表的过程示例。

```
private TableName tableName = null;
private Configuration conf = null;
private Connection conn = null;
try {
    // 设置 keytab 文件和 principal 文件。
    String keytabFile = "user.keytab";
    String principal = "hbaseuser1";
    tableName = TableName.valueOf("hbase_sample_table");
    conf = login(keytabFile, principal);
    conn = ConnectionFactory.createConnection(conf);
    testCreateTable();
} catch (Exception e) {
    LOG.error("Failed to login ",e);
} finally {
    if(conn != null){
        try {
            conn.close();
        } catch (Exception e1) {
            LOG.error("Failed to close the connection ",e);
        }
    }
}
```

3）创建表

HBase 通过 org.apache.hadoop.hbase.client.Admin 对象的 CreateTable 方法来创建表，并指定表名、列族名。创建表有两种方式（强烈建议采用预分 Region 建表方式）：快速建表，即创建表后整张表只有一个 Region，随着数据量的增加会自动分裂成多个 Region；分 Region 建表，即创建表时预先分配多个 Region，此种方法建表可以提高写入大量数据初期的数据写入速度。代码示例如下。

```
public void testCreateTable() {
    LOG.info("Entering testCreateTable.");
    // 创建表描述符。
    HTableDescriptor htd = new HTableDescriptor(tableName);
    //创建列族描述符。
    HColumnDescriptor hcd = new HColumnDescriptor("info");
    //设置编码，HBase 提供 DIFF,FAST_DIFF,PREFIX 和 PREFIX_TREE 等编码方式。
    hcd.setDataBlockEncoding(DataBlockEncoding.FAST_DIFF);
    //添加列族描述符到表描述符中。
    hcd.setCompressionType(Compression.Algorithm.SNAPPY);
    htd.addFamily(hcd);
    Admin admin = null;
    try {
        //获取 Admin 对象，Admin 提供了建表、创建列族、检查表是否存在、修改表结构和列族结构以及删除等功能。
        admin = conn.getAdmin();
        if (!admin.tableExists(tableName)) {
            LOG.info("Creating table...");
            //调用 Admin 的建表方法。
            admin.createTable(htd);
            LOG.info(admin.getClusterStatus());
            LOG.info(admin.listNamespaceDescriptors());
            LOG.info("Table created successfully.");
        } else {
```

```
        LOG.warn("table already exists");
      }
    } catch (IOException e) {
      LOG.error("Create table failed " ,e);
    } finally {
      if (admin != null) {
        try {
          // 关闭 Admin 对象。
          admin.close();
        } catch (IOException e) {
          LOG.error("Failed to close admin " ,e);
        }
      }
    }
    LOG.info("Exiting testCreateTable.");
  }
```

4）插入数据

HBase 是一个面向列的数据库，其一行数据，可能对应多个列族，而一个列族又可以对应多个列。通常，写入数据的时候，我们需要指定要写入的列（含列族名称和列名称）。HBase 通过 HTable 的 Put 方法来 Put 数据，可以是一行数据也可以是数据集。插入数据代码样例如下。

```
public void testPut() {
  LOG.info("Entering testPut.");
  // 定义列族名称。
  byte[] familyName = Bytes.toBytes("info");
  //定义列名称。
  byte[][] qualifiers = { Bytes.toBytes("name"), Bytes.toBytes("gender"),
      Bytes.toBytes("age"), Bytes.toBytes("address") };
  Table table = null;
  try {
    //实例化 HTable 对象。
    table = conn.getTable(tableName);
    List<Put> puts = new ArrayList<Put>();
    //实例化 Put 对象。
    Put put = new Put(Bytes.toBytes("012005000201"));
    put.addColumn(familyName, qualifiers[0], Bytes.toBytes("Zhang San"));
    put.addColumn(familyName, qualifiers[1], Bytes.toBytes("Male"));
    put.addColumn(familyName, qualifiers[2], Bytes.toBytes("19"));
    put.addColumn(familyName, qualifiers[3], Bytes.toBytes("Shenzhen, Guangdong"));
    puts.add(put);
    put = new Put(Bytes.toBytes("012005000202"));
    put.addColumn(familyName, qualifiers[0], Bytes.toBytes("Li Wanting"));
    put.addColumn(familyName, qualifiers[1], Bytes.toBytes("Female"));
    put.addColumn(familyName, qualifiers[2], Bytes.toBytes("23"));
    put.addColumn(familyName, qualifiers[3], Bytes.toBytes("Shijiazhuang, Hebei"));
    puts.add(put);
    put = new Put(Bytes.toBytes("012005000203"));
    put.addColumn(familyName, qualifiers[0], Bytes.toBytes("Wang Ming"));
    put.addColumn(familyName, qualifiers[1], Bytes.toBytes("Male"));
    put.addColumn(familyName, qualifiers[2], Bytes.toBytes("26"));
    put.addColumn(familyName, qualifiers[3], Bytes.toBytes("Ningbo, Zhejiang"));
    puts.add(put);
```

```java
            put = new Put(Bytes.toBytes("012005000204"));
            put.addColumn(familyName, qualifiers[0], Bytes.toBytes("Li Gang"));
            put.addColumn(familyName, qualifiers[1], Bytes.toBytes("Male"));
            put.addColumn(familyName, qualifiers[2], Bytes.toBytes("18"));
            put.addColumn(familyName, qualifiers[3], Bytes.toBytes("Xiangyang, Hubei"));
            puts.add(put);
            put = new Put(Bytes.toBytes("012005000205"));
            put.addColumn(familyName, qualifiers[0], Bytes.toBytes("Zhao Enru"));
            put.addColumn(familyName, qualifiers[1], Bytes.toBytes("Female"));
            put.addColumn(familyName, qualifiers[2], Bytes.toBytes("21"));
            put.addColumn(familyName, qualifiers[3], Bytes.toBytes("Shangrao, Jiangxi"));
            puts.add(put);
            put = new Put(Bytes.toBytes("012005000206"));
            put.addColumn(familyName, qualifiers[0], Bytes.toBytes("Chen Long"));
            put.addColumn(familyName, qualifiers[1], Bytes.toBytes("Male"));
            put.addColumn(familyName, qualifiers[2], Bytes.toBytes("32"));
            put.addColumn(familyName, qualifiers[3], Bytes.toBytes("Zhuzhou, Hunan"));
            puts.add(put);
            put = new Put(Bytes.toBytes("012005000207"));
            put.addColumn(familyName, qualifiers[0], Bytes.toBytes("Zhou Wei"));
            put.addColumn(familyName, qualifiers[1], Bytes.toBytes("Female"));
            put.addColumn(familyName, qualifiers[2], Bytes.toBytes("29"));
            put.addColumn(familyName, qualifiers[3], Bytes.toBytes("Nanyang, Henan"));
            puts.add(put);
            put = new Put(Bytes.toBytes("012005000208"));
            put.addColumn(familyName, qualifiers[0], Bytes.toBytes("Yang Yiwen"));
            put.addColumn(familyName, qualifiers[1], Bytes.toBytes("Female"));
            put.addColumn(familyName, qualifiers[2], Bytes.toBytes("30"));
            put.addColumn(familyName, qualifiers[3], Bytes.toBytes("Kaixian, Chongqing"));
            puts.add(put);
            put = new Put(Bytes.toBytes("012005000209"));
            put.addColumn(familyName, qualifiers[0], Bytes.toBytes("Xu Bing"));
            put.addColumn(familyName, qualifiers[1], Bytes.toBytes("Male"));
            put.addColumn(familyName, qualifiers[2], Bytes.toBytes("26"));
            put.addColumn(familyName, qualifiers[3], Bytes.toBytes("Weinan, Shaanxi"));
            puts.add(put);
            put = new Put(Bytes.toBytes("012005000210"));
            put.addColumn(familyName, qualifiers[0], Bytes.toBytes("Xiao Kai"));
            put.addColumn(familyName, qualifiers[1], Bytes.toBytes("Male"));
            put.addColumn(familyName, qualifiers[2], Bytes.toBytes("25"));
            put.addColumn(familyName, qualifiers[3], Bytes.toBytes("Dalian, Liaoning"));
            puts.add(put);
            //提交 put 请求。
            table.put(puts);
            LOG.info("Put successfully.");
        } catch (IOException e) {
            LOG.error("Put failed ",e);
        } finally {
            if (table != null) {
                try {
                    //关闭 HTable 对象。
                    table.close();
                } catch (IOException e) {
                    LOG.error("Close table failed ",e);
                }
```

```
        }
    }
    LOG.info("Exiting testPut.");
}
```

5）修改表

HBase 通过 org.apache.hadoop.hbase.client.Admin 的 modifyTable 方法修改表信息，代码样例如下。

```
public void testModifyTable() {
    LOG.info("Entering testModifyTable.");
    // 定义列族名称。
    byte[] familyName = Bytes.toBytes("education");
    Admin admin = null;
    try {
        //实例化 Admin 对象。
        admin = conn.getAdmin();
        // 获取表描述符信息。
        HTableDescriptor htd = admin.getTableDescriptor(tableName);
        // 在编辑之前检验列族已经创建。
        if (!htd.hasFamily(familyName)) {
            //创建列描述符。
            HColumnDescriptor hcd = new HColumnDescriptor(familyName);
            htd.addFamily(hcd);
            // 在更改表之前禁用表。
            admin.disableTable(tableName);
            //提交编辑表请求。
            admin.modifyTable(tableName, htd);
            //更改完表内容后启用表。
            admin.enableTable(tableName);
        }
        LOG.info("Modify table successfully.");
    } catch (IOException e) {
        LOG.error("Modify table failed ",e);
    } finally {
        if (admin != null) {
            try {
                //关闭 Admin 对象。
                admin.close();
            } catch (IOException e) {
                LOG.error("Close admin failed ",e);
            }
        }
    }
    LOG.info("Exiting testModifyTable.");
}
```

6）使用 Get 读取数据

要从表中读取一条数据，首先需要实例化该表对应的 Table 实例，然后创建一个 Get 对象。也可以为 Get 对象设定参数值，如列族的名称和列的名称。查询结果的该行数据存储 Result 对象中，Result 中存储了多个 Cell。代码样例如下。

```
public void testGet() {
    LOG.info("Entering testGet.");
    //自定义列族名称。
    byte[] familyName = Bytes.toBytes("info");
```

```
    // 定义列名称。
    byte[][] qualifier = { Bytes.toBytes("name"), Bytes.toBytes("address") };
    // 定义行键。
    byte[] rowKey = Bytes.toBytes("012005000201");
    Table table = null;
    try {
        // 创建 Table 实例。
        table = conn.getTable(tableName);
        // Instantiate a Get object.
        Get get = new Get(rowKey);
        // 设置列族和列名称。
        get.addColumn(familyName, qualifier[0]);
        get.addColumn(familyName, qualifier[1]);
        //提交 get 请求。
        Result result = table.get(get);
        //打印查询结果。
        for (Cell cell : result.rawCells()) {
            LOG.info(Bytes.toString(CellUtil.cloneRow(cell)) + ":"
                + Bytes.toString(CellUtil.cloneFamily(cell)) + ","
                + Bytes.toString(CellUtil.cloneQualifier(cell)) + ","
                + Bytes.toString(CellUtil.cloneValue(cell)));
        }
        LOG.info("Get data successfully.");
    } catch (IOException e) {
        LOG.error("Get data failed ",e);
    } finally {
        if (table != null) {
            try {
                //关闭 HTable 对象。
                table.close();
            } catch (IOException e) {
                LOG.error("Close table failed ",e);
            }
        }
    }
    LOG.info("Exiting testGet.");
}
```

7）使用 Scan 读取数据

要从表中读取数据，首先需要实例化该表对应的 Table 实例，然后创建一个 Scan 对象，并针对查询条件设置 Scan 对象的参数值，为了提高查询效率，最好指定 StartRow 和 StopRow。查询结果的多行数据保存在 ResultScanner 对象，每行数据以 Result 对象形式存储，Result 中存储了多个 Cell。代码样例如下。

```
public void testScanData() {
    LOG.info("Entering testScanData.");
    Table table = null;
    //实例化 ResultScanner 对象。
    ResultScanner rScanner = null;
    try {
        //创建 Configuration 实例。
        table = conn.getTable(tableName);
        //实例化 Get 对象。
        Scan scan = new Scan();
```

```
      scan.addColumn(Bytes.toBytes("info"), Bytes.toBytes("name"));
      //设置缓存大小。
      scan.setCaching(5000);
      scan.setBatch(2);
      //提交 scan 请求。
      rScanner = table.getScanner(scan);
      //打印查询结果。
      for (Result r = rScanner.next(); r != null; r = rScanner.next()) {
        for (Cell cell : r.rawCells()) {
          LOG.info(Bytes.toString(CellUtil.cloneRow(cell)) + ":"
            + Bytes.toString(CellUtil.cloneFamily(cell)) + ","
            + Bytes.toString(CellUtil.cloneQualifier(cell)) + ","
            + Bytes.toString(CellUtil.cloneValue(cell)));
        }
      }
      LOG.info("Scan data successfully.");
    } catch (IOException e) {
      LOG.error("Scan data failed ",e);
    } finally {
      if (rScanner != null) {
        // 关闭 scanner 对象。
        rScanner.close();
      }
      if (table != null) {
        try {
          //关闭 HTable 对象。
          table.close();
        } catch (IOException e) {
          LOG.error("Close table failed ",e);
        }
      }
    }
    LOG.info("Exiting testScanData.");
  }
```

8) 使用过滤器 Filter

HBase Filter 主要在 Scan 和 Get 过程中进行数据过滤，通过设置一些过滤条件来实现，如设置 RowKey、列名或者列值的过滤条件，代码样例如下。

```
  public void testSingleColumnValueFilter() {
    LOG.info("Entering testSingleColumnValueFilter.");
    Table table = null;
    ResultScanner rScanner = null;
    try {
      table = conn.getTable(tableName);
      Scan scan = new Scan();
      scan.addColumn(Bytes.toBytes("info"), Bytes.toBytes("name"));
      //设置过滤条件。
      SingleColumnValueFilter filter = new SingleColumnValueFilter(
        Bytes.toBytes("info"), Bytes.toBytes("name"), CompareOp.EQUAL,
        Bytes.toBytes("Xu Bing"));
      scan.setFilter(filter);
      //提交 scan 请求。
      rScanner = table.getScanner(scan);
      //打印查询结果。
```

```
            for (Result r = rScanner.next(); r != null; r = rScanner.next()) {
                for (Cell cell : r.rawCells()) {
                    LOG.info(Bytes.toString(CellUtil.cloneRow(cell)) + ":"
                        + Bytes.toString(CellUtil.cloneFamily(cell)) + ","
                        + Bytes.toString(CellUtil.cloneQualifier(cell)) + ","
                        + Bytes.toString(CellUtil.cloneValue(cell)));
                }
            }
            LOG.info("Single column value filter successfully.");
        } catch (IOException e) {
            LOG.error("Single column value filter failed " ,e);
        } finally {
            if (rScanner != null) {
                //关闭 scanner 对象。
                rScanner.close();
            }
            if (table != null) {
                try {
                    //关闭 HTable 对象。
                    table.close();
                } catch (IOException e) {
                    LOG.error("Close table failed " ,e);
                }
            }
        }
        LOG.info("Exiting testSingleColumnValueFilter.");
    }
```

9) 创建二级索引

一般都通过调用 org.apache.hadoop.hbase.index.client.IndexAdmin 中方法进行 HBase 二级索引的管理，该类中提供了创建索引的方法，代码样例如下。

```
    public void createIndex() {
        LOG.info("Entering createIndex.");
        String indexName = "index_name";
        //创建索引实例。
        IndexSpecification iSpec = new IndexSpecification(indexName);
        iSpec.addIndexColumn(new HColumnDescriptor("info"), "name", ValueType.String, 100);
        IndexAdmin iAdmin = null;
        Admin admin = null;
        try {
            // 实例化 IndexAdmin 对象。
            iAdmin = new IndexAdmin(conf);
            //创建二级索引。
            iAdmin.addIndex(tableName, iSpec);
            admin = conn.getAdmin();
            //指定索引列的加密类型。
            HTableDescriptor htd = admin.getTableDescriptor(tableName);
            admin.disableTable(tableName);
            htd = admin.getTableDescriptor(tableName);
            //实例化索引列描述。
            HColumnDescriptor indexColDesc = new HColumnDescriptor(
                IndexMasterObserver.DEFAULT_INDEX_COL_DESC);
            //设置索引作为 HTable 的描述。
            htd.setValue(Constants.INDEX_COL_DESC_BYTES,
```

```
        indexColDesc.toByteArray());
      admin.modifyTable(tableName, htd);
      admin.enableTable(tableName);
      LOG.info("Create index successfully.");
    } catch (IOException e) {
      LOG.error("Create index failed " ,e);
    } finally {
      if (admin != null) {
        try {
          admin.close();
        } catch (IOException e) {
          LOG.error("Close admin failed " ,e);
        }
      }
      if (iAdmin != null) {
        try {
          //关闭 IndexAdmin 对象。
          iAdmin.close();
        } catch (IOException e) {
          LOG.error("Close admin failed " ,e);
        }
      }
    }
    LOG.info("Exiting createIndex.");
  }
```

10）删除索引

一般通过调用 org.apache.hadoop.hbase.index.client.IndexAdmin 中方法进行 HBase 二级索引的管理，该类中提供了索引的查询和删除等方法，代码样例如下。

```
  public void dropIndex() {
    LOG.info("Entering dropIndex.");
    String indexName = "index_name";
    IndexAdmin iAdmin = null;
    try {
      // 实例化 IndexAdmin 对象。
      iAdmin = new IndexAdmin(conf);
      //删除二级索引。
      iAdmin.dropIndex(tableName, indexName);
      LOG.info("Drop index successfully.");
    } catch (IOException e) {
      LOG.error("Drop index failed.");
    } finally {
      if (iAdmin != null) {
        try {
          //关闭二级索引。
          iAdmin.close();
        } catch (IOException e) {
          LOG.error("Close admin failed.");
        }
      }
    }
    LOG.info("Exiting dropIndex.");
  }
```

11）基于二级索引的查询

针对添加了二级索引的用户表，可以通过 Filter 来查询数据。其数据查询性能高出针对无二级索引用户表的数据查询。下面代码片段示例使用二级索引查找数据。

```java
public void testScanDataByIndex() {
    LOG.info("Entering testScanDataByIndex.");
    Table table = null;
    ResultScanner scanner = null;
    try {
        table = conn.getTable(tableName);
        //为索引列创建一个过滤器。
        Filter filter = new SingleColumnValueFilter(Bytes.toBytes("info"), Bytes.toBytes("name"),
            CompareOp.EQUAL, "Li Gang".getBytes());
        Scan scan = new Scan();
        scan.setFilter(filter);
        scanner = table.getScanner(scan);
        LOG.info("Scan indexed data.");
        for (Result result : scanner) {
            for (Cell cell : result.rawCells()) {
                LOG.info(Bytes.toString(CellUtil.cloneRow(cell)) + ":"
                    + Bytes.toString(CellUtil.cloneFamily(cell)) + ","
                    + Bytes.toString(CellUtil.cloneQualifier(cell)) + ","
                    + Bytes.toString(CellUtil.cloneValue(cell)));
            }
        }
        LOG.info("Scan data by index successfully.");
    } catch (IOException e) {
        LOG.error("Scan data by index failed.");
    } finally {
        if (scanner != null) {
            //关闭扫描对象。
            scanner.close();
        }
        try {
            if (table != null) {
                table.close();
            }
        } catch (IOException e) {
            LOG.error("Close table failed.");
        }
    }
    LOG.info("Exiting testScanDataByIndex.");
}
```

12）删除数据

HBase 通过 Table 实例的 delete 方法来 Delete 数据，可以是一行数据也可以是数据集。具体代码片段如下。

```java
public void testDelete() {
    LOG.info("Entering testDelete.");
    byte[] rowKey = Bytes.toBytes("012005000201");
    Table table = null;
    try {
        // 实例化 HTable 对象。
```

```
      table = conn.getTable(tableName);
      // Instantiate an Delete object.
      Delete delete = new Delete(rowKey);
      // 提交 delete 请求。
      table.delete(delete);
      LOG.info("Delete table successfully.");
    } catch (IOException e) {
      LOG.error("Delete table failed " ,e);
    } finally {
      if (table != null) {
        try {
          // 关闭 HTable 对象。
          table.close();
        } catch (IOException e) {
          LOG.error("Close table failed " ,e);
        }
      }
    }
    LOG.info("Exiting testDelete.");
  }
```

13）删除表

HBase 通过 `org.apache.hadoop.hbase.client.Admin` 的 `deleteTable` 方法来删除表。具体代码片段如下。

```
public void dropTable() {
  LOG.info("Entering dropTable.");
  Admin admin = null;
  try {
    admin = conn.getAdmin();
    if (admin.tableExists(tableName)) {
      //删除表之前先禁用表。
      admin.disableTable(tableName);
      // 删除表。
      admin.deleteTable(tableName);
    }
    LOG.info("Drop table successfully.");
  } catch (IOException e) {
    LOG.error("Drop table failed " ,e);
  } finally {
    if (admin != null) {
      try {
        // 关闭 Admin 对象。
        admin.close();
      } catch (IOException e) {
        LOG.error("Close admin failed " ,e);
      }
    }
  }
  LOG.info("Exiting dropTable.");
}
```

编写完代码，在客户端编译并运行程序，得到最终结果。

除了 HBase Shell 和 HBase 的 Java API 两种接口，HBase 还提供了 REST、Thrift、Avro、Hive、Pig 等一些应用接口，分别应用于不同场景。例如 Thrift 接口是一个基于静态代码生成的跨语言的 RPC 协议栈实现，它可以生成包括 C++、Java、Python、Ruby、PHP 等主流语言代码，这些代码实现了 RPC 的协议层和传输层功能，从而让用户可以集中精力于服务的调用和实现。由于本教材不涉及以上一些接口的内容，这里不再赘述。

5.4 本章总结

  HBase 是一个高可靠性、高性能、面向列、可伸缩的分布式存储系统，适合于存储大表数据，并且对大表数据的读、写访问可以达到实时级别。HBase 利用 HDFS（Hadoop Distributed File System）作为其文件存储系统，提供实时读写的分布式数据库系统。

  HBase 采用 Master/Slave 架构，其中 HMaster 为主节点，主要负责 HRegionServer 的管理以及元数据的更新；HRegionServer 是 HBase 中的从节点，负责提供表数据读写等服务。ZooKeeper 为 HBase 集群中各进程提供分布式协作服务。各 HRegionServer 将自己的信息注册到 ZooKeeper 中，HMaster 据此感知各个 HRegionServer 的健康状态。HBase 还通过 ZooKeeper 实现 HMaster 的高可用。

  第 5 章还介绍了 HBase 的数据模型、读写过程、Compaction 过程，最后介绍了 FusionInsight HD 中 HBase 的编程实践。

练习题

一、选择题

1. HBase 的物理存储单元是什么（　　）
   A. Region   B. Column Family C. Column   D. 行
2. HBase 会先将数据写入到（　　）
   A. MemStore B. Hfile   C. StoreFile   D. HLog
3. Compaction 的目的是什么（多选）（　　）
   A. 减少同一个 Region 同一列族下的文件数目
   B. 提升数据读取性能
   C. 减少同一个列族的文件数量
   D. 减少同一个 Region 的文件数量
4. HBase 适用于以下哪些场景（多选）（　　）
   A. 高吞吐量
   B. 需要在海量数据中实现高效的随机读取

C. 需要很好的性能伸缩能力

D. 能够同时处理结构化和非结构化的数据

二、简答题

1. 简述 HBase 的设计目标。
2. HBase 的节点有哪些角色？分别有什么作用？
3. 简述 HBase 的读过程。
4. HBase 在什么情况下会触发 Flush 操作？

第6章
大数据数据仓库（Hive）

6.1　Hive概述
6.2　Hive的架构和数据存储
6.3　FusionInsight HD中Hive应用实践
6.4　本章总结
练习题

Hive 是基于 Hadoop 的数据仓库软件，可以将结构化的数据文件映射为数据库表，并提供类 SQL 查询功能。Hive 将 SQL 语句转化成 MapReduce 任务进行处理，适用于大型分布式数据集的查询管理。

本章首先简单介绍 Hive 的基本概念与应用及其功能特性；其次介绍 Hive 架构和数据存储模型，并演示 HiveQL 的编程实践；最后介绍在 FusionInsight HD 中如何操作 Hive。

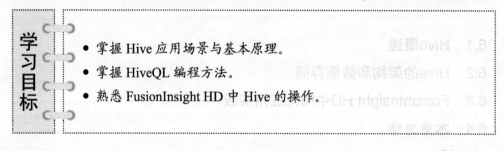

学习目标
- 掌握 Hive 应用场景与基本原理。
- 掌握 HiveQL 编程方法。
- 熟悉 FusionInsight HD 中 Hive 的操作。

6.1 Hive 概述

本节首先介绍 Hive 的基本概念及应用，然后介绍 Hive 的功能特性以及 Hive 与传统数据仓库的差别。

6.1.1 Hive 简介和应用

1. Hive 是什么

Hive 是基于 Hadoop 的数据仓库软件，可以用来进行数据提取转化加载（ETL），在 Hadoop 中存储、查询和分析大规模数据。Hive 定义了类 SQL 查询语言——HiveQL，提供类 SQL 的查询功能。Hive 查询的基本原理是将 HiveQL 语句自动转换成 MapReduce 任务，支持 MapReduce、Tez、Spark 等计算引擎。

2. Hive 的应用场景

Hive 构建在 Hadoop 文件系统之上，Hive 不提供实时的查询和基于行级的数据更新操作，不适合需要低延迟的应用，如联机事务处理（On-line Transaction Processing, OLTP）相关应用。

Hive 适用于联机分析处理（On-Line Analytical Processing, OLAP），见表 6-1，Hive 可用于以下场景。

表 6-1   Hive 应用场景

类别	具体应用场景
数据挖掘	用户行为分析、兴趣分区、区域展示
非实时分析	日志分析、文本分析
数据汇总	用户点击量统计、流量统计
数据仓库	数据抽取、数据加载、数据转换

6.1.2 Hive 的特性

Hive 作为数据仓库软件，使用类 SQL 的 HiveQL 语言实现数据查询，所有 Hive 数据均存储在 Hadoop 文件系统中，Hive 具有以下特性。

- 使用 HiveQL 以类 SQL 查询的方式轻松访问数据，将 HiveQL 查询转换为 MapReduce 的任务在 Hadoop 集群上执行，完成 ETL（Extract、Transform、Load，提取、转换、加载）、报表、数据分析等数据仓库任务。HiveQL 内置大量 UDF（User Defined Function）来操作时间、字符串和其他的数据挖掘工具，支持用户扩展 UDF 函数来完成内置函数无法实现的操作。
- 多种文件格式的元数据服务，包括 TextFile、SequenceFile、RCFile 和 ORCFile，其中 TextFile 为默认格式，创建 SequenceFile、RCFile 和 ORCFile 格式的表需要先将文件数据导入到 TextFile 格式的表中，然后再把 TextFile 表的数据导入 SequenceFile、RCFile 和 ORCFile 表中。
- 直接访问 HDFS 文件或其他数据存储系统（如 HBase）中的文件。
- 支持 MapReduce、Tez、Spark 等多种计算引擎，可根据不同的数据处理场景选择合适的计算引擎。
- 支持 HPL/SQL 程序语言，HPL/SQL 是一种混合异构的语言，可以理解几乎任何现有的过程性 SQL 语言（如 Oracle PL/SQL、Transact-SQL）的语法和语义，有助于将传统数据仓库的业务逻辑迁移到 Hadoop 上，是在 Hadoop 中实现 ETL 流程的有效方式。

- 可以通过 HiveLLAP（Live Long and Process）、Apache YARN 和 Apache Slider（动态 YARN 应用，可按需动态调整分布式应用程序的资源）进行秒级的查询检索。LLAP 结合了持久查询服务器和优化的内存缓存，使 Hive 能够立即启动查询，避免不必要的磁盘开销，提供较佳的查询检索效率。

6.1.3 Hive 与传统数据仓库的区别

Hive 是用于查询分布式大型数据集的数据仓库，相比于传统数据仓库，在大数据的查询上有其独特的优势，但同时也牺牲了一部分性能，见表 6-2。

表 6-2　　　　　　　　　　Hive 与传统数据仓库的区别

对比项	Hive	传统数据仓库
存储	HDFS，理论上有无限拓展的可能	集群存储，存在容量上限，而且伴随容量的增长，计算速度会有所下降。只能适应于数据量比较小的商业应用，不适用于超大规模数据
执行引擎	有 MR/Tez/Spark 多种引擎可供选择	可以选择更加高效的算法来执行查询，也可以进行更多的优化措施来提高速度
使用语言	HiveQL（类似 SQL）	SQL
灵活性	元数据存储独立于数据存储之外，从而解耦合元数据和数据	低，数据用途单一
分析速度	计算依赖于集群规模，易拓展，在大数据量的情况下，速度远远快于普通数据仓库	在数据容量较小时非常快速，在数据量较大时，速度下降
索引	低效，目前还不完善	高效
业务解决方案	需要自行开发应用模型，灵活度较高，但是易用性较低	集成一整套成熟的报表解决方案，可以较为方便地进行数据分析
可靠性	数据存储在 HDFS，可靠性高，容错性高	可靠性较低，数据容错依赖于硬件 Raid
硬件需求	依赖硬件较低，可适应一般的普通机器	依赖于高性能的商业服务器

6.2　Hive 的架构和数据存储

本节主要介绍 Hive 的架构以及 Hive 数据存储模型的相关概念。

6.2.1 Hive 的架构原理

1. Hive 的架构

如图 6-1 所示，Hive 架构中主要包括客户端（Client）、Hive Server、元数据存储（MetaStore）、驱动器（Driver）。

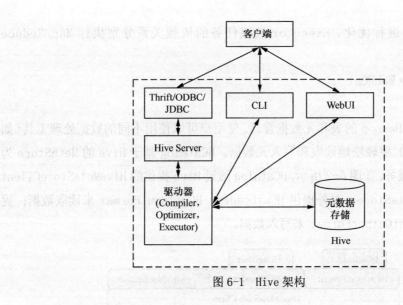

图 6-1 Hive 架构

Hive 有多种接口供客户端使用，其中包括 Thrift（Apache 的一种软件框架，用于可扩展的跨语言服务开发）接口、数据库接口、命令行接口和 Web 接口。数据库接口包括 ODBC（Open Database Connectivity，开放数据库连接）和 JDBC（Java DataBase Connectivity，Java 数据库连接）。客户端通过 Thrift 接口及数据库接口访问 Hive 时，用户需连接到 Hive Server，通过 Hive Server 与 Driver 通信。命令行接口 CLI 是和 Hive 交互的最简单方式，可以直接调用 Driver 进行工作。CLI 只能支持单用户，可用于管理员工作，但不适用于高并发的生产环境。用户也可使用 Web 接口通过浏览器直接访问 Driver 并调用其进行工作。

Hive Server 作为 JDBC 和 ODBC 的服务端，提供 Thrift 接口，可以将 Hive 和其他应用程序集成起来。Hive Server 基于 Thrift 软件开发，又被称为 Thrift Server。Hive Server 有两个版本，包括 HiveServer 和 HiveServer2。HiveServer 仅支持单用户，HiveServer2 在 HiveServer 的基础上进行了优化，增加了多用户并发和用户安全认证的功能，提升了 Hive 的工作效率和安全性。HiveServer2 本身自带了一个命令行工具 BeeLine，方便用户对 HiveServer2 进行管理。

MetaStore 存储 Hive 的元数据，Hive 的元数据包括表的名字、表的属性、表的列和分区及其属性、表的数据所在目录等。元数据被存储在单独的关系数据库中，常用的数据库有 MySQL 和 Apache Derby（Java 数据库）。MetaStore 提供 Thrift 界面供用户查询和管理元数据。

Driver 接收客户端发来的请求，管理 HiveQL 命令执行的生命周期，并贯穿 Hive 任务整个执行期间。Driver 中有编译器（Compiler）、优化器（Optimizer）和执行器（Executor）三个角色。Compiler 编译 HiveQL 并将其转化为一系列相互依赖的 Map/Reduce 任务。Optimizer 分为逻辑优化器和物理优化器，分别对 HiveQL 生成的执行计划和 MapReduce 任务进行优化。Executor 按照任务的依赖关系分别执行 Map/Reduce 任务。

2. HCatalog 和 WebHCat

（1）HCatalog

HCatalog 用于 Hadoop 的表和元数据管理，使用户可以使用不同的数据处理工具（如 Pig、MapReduce 等）更轻松地读取和写入元数据。HCatalog 基于 Hive 的 MetaStore 为数据处理工具提供服务。如图 6-2 所示，HCatalog 通过 Hive 提供的 HiveMetaStoreClient 对象来间接访问 MetaStore，对外提供 HCatLoader、HCatInputFormat 来读取数据；提供 HCatStorer、HCatOutputFormat 来写入数据。

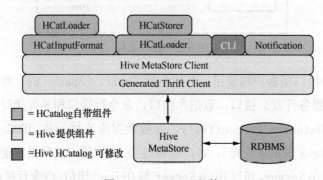

图 6-2 HCatalog 架构

（2）WebHCat

WebHCat 是 HCatalog 的 REST（Representational State Transfer，表现状态传输）接口，可以使用户能够通过安全的 HTTPS 协议执行操作。如图 6-3 所示，用户可以通过 WebHCat 访问 Hadoop MapReduce（或 YARN）、Pig（Apache 的大型数据集分析平台）、Hive 和 HCatalog DDL（Data Definition Language，数据库模式定义语言）。WebHCat 所使用的数据和代码在 HDFS 中维护，执行操作时需从 HDFS 读取。HCatalog DLL 命令在接收请求时直接执行；MapReduce、Pig 和 Hive 作业则由 WebHCat 服务器排队执行，可以根据需要监控或停止。

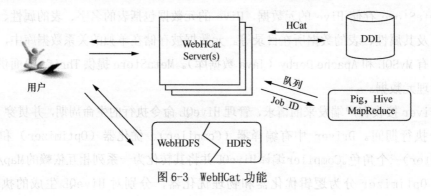

图 6-3 WebHCat 功能

6.2.2 Hive 的数据存储模型

Hive 主要包括三类数据模型：表（Table）、分区（Partition）和桶（Bucket）。

Hive 中的表类似于关系数据库中的表。表可以进行过滤、投影、连接和联合等操作。表的数据一般存储在 HDFS 的目录中，Hive 的表实质上对应 Hadoop 文件系统上的一个目录。Hive 将表的元数据存储在关系型数据库中，实现了元数据与数据的分离存储。

Hive 根据分区列（Partition Column）的值将表以分区的形式进行划分，例如具有"日期"分区列的表可以根据日期划分为多个分区。表中的一个分区对应表所在目录下的一个子目录。

每个分区中的数据可以根据表中列的哈希值分为桶，每个桶作为文件存储在分区目录中。

1. Hive 的分区和分桶

Hive 将数据组织成数据库表的形式供用户进行较高效的查询分析。Hive 处理的数据集一般较大，为了提高查询的效率，Hive 会在表的基础上进一步对数据的划分进行细化。

当表数据量较大时，Hive 通过列值（如日期、地区等）对表进行分区处理（Partition），便于局部数据的查询操作。每个分区是一个目录，将相同属性的数据放在同个目录下，可提高查询效率。分区数量不固定，分区下可再有分区或者进一步细化为桶。

Hive 可将表或分区进一步组织成桶，桶是比分区粒度更细的数据划分方式。每个桶是一个文件，用户可指定划分桶的个数。在分桶的过程中，Hive 针对某一列进行哈希计算，根据哈希值将这一列中的数据划分到不同的桶中。分桶为表提供了额外的结构，Hive 在处理某些查询（如 join、表的合并）时利用这个结构可以提高效率，使数据抽样更高效。

2. Hive 的托管表和外部表

Hive 中的表分为两种，分别为托管表和外部表，托管表又称为内部表。Hive 默认创建托管表，托管表由 Hive 来管理数据，意味着 Hive 会将数据移动到数据仓库的目录中。若创建外部表，Hive 仅记录数据所在路径，不将其移动到数据仓库目录中。在读取外部表时，Hive 会在数据仓库之外读取数据。在做删除表的操作时，托管表的元数据和数据会被一起删除，而外部表仅删除元数据，处于数据仓库外部的数据则被保留。外部表相对于托管表要更为安全，也利于数据的共享。

选择使用外部表还是托管表组织数据取决于用户对数据的处理方式，如果一个数据集的数据处理操作都由 Hive 完成，则使用托管表；当需要使用桶时，则必须使用托管表。如果需要用 Hive 和其他工具一起处理同一个数据集，或者需要将同一个数据集组织成不同的表,则使用外部表。

6.2.3 HiveQL 编程

Hive 提供类似 SQL 的 HiveQL 语言操作结构化数据,其基本原理是将 HiveQL 语言自动转换成 MapReduce 任务,从而完成对 Hadoop 集群中存储的海量数据的查询和分析。

在华为 FuisonInsight HD 平台中操作,需要登录安装客户端的节点,然后切换工作目录到客户端安装目录下,分别执行 source 命令配置环境变量和 kinit 命令进行用户登录认证操作。

```
#cd /opt/hadoopclient/
#source bigdata_env
#kinit 组件业务用户(例如:admin)
```

登录完成后,在终端上运行"beeline"命令,登录到 Hive 的命令行界面环境。注意:beeline 是 HiveServer2 版本提供的新的命令行工具,在 HiveServer2 之前的版本命令行工具为"hive"。

```
# beeline
>
```

如上面所示,运行完 beeline 后就登录到 HiveQL 的 CLI 操作界面。HiveQL 支持大量的和 SQL 语言类似的操作,我们简单列出了一些常用的命令,见表 6-3。

表 6-3　　　　　　　　　　HiveQL 常用的命令操作

命令组名称	命令操作
DDL——数据定义语言	• CREATE DATABASE/SCHEMA, TABLE, VIEW, FUNCTION, INDEX • DROP DATABASE/SCHEMA, TABLE, VIEW, INDEX • TRUNCATE TABLE • ALTER DATABASE/SCHEMA, TABLE, VIEW • MSCK REPAIR TABLE (or ALTER TABLE RECOVER PARTITIONS) • SHOW DATABASES/SCHEMAS, TABLES, TBLPROPERTIES, VIEWS, PARTITIONS, FUNCTIONS, INDEX[ES], COLUMNS, CREATE TABLE • DESCRIBE DATABASE/SCHEMA, table_name, view_name
DML——数据管理语言	• LOAD • INSERT: into Hive tables from queries; into directories from queries; into Hive tables from SQL • UPDATE • DELETE • MERGE
DQL——数据查询语言	• WHERE Clause • ALL and DISTINCT Clauses • Partition Based Queries • HAVING Clause • LIMIT Clause • REGEX Column Specification

(续表)

命令组名称	命令操作
DQL——数据查询语言	• More Select Syntax: GROUP BY; SORT/ORDER/CLUSTER/DISTRIBUTE BY; JOIN (Hive Joins, Join Optimization, Outer Join Behavior); UNION; TABLESAMPLE; Subqueries; Virtual Columns; Operators and UDFs; LATERAL VIEW; Windowing, OVER, and Analytics; Common Table Expressions
Joins——连接	• Inner join • Outer join • Semi join • Map join

用户可通过 HiveQL 对数据库和表进行操作，以下为相关命令及操作。

1. Create/Drop/Alter/Use Database

（1）创建数据库

CREATE (DATABASE|SCHEMA) [IF NOT EXISTS] database_name
  [COMMENT database_comment]
  [LOCATION hdfs_path]
  [WITH DBPROPERTIES (property_name=property_value, ...)];

其中，DATABASE 和 SCHEMA 选项为二选一。IF NOT EXISTS 是可选项，用于判断数据库是否存在，存在则不创建，不存在才会创建。COMMENT 表示数据库的描述字段。LOCATION 表示数据存储位置。WITH DBPROPERTIES 字段表示数据库的属性值。如下例创建一个名为 financials 的数据库。

>CREATE DATABASE *financials*;
>CREATE DATABASE IF NOT EXISTS *financials*;

上面两个例子的区别在于，如果 Hive 中已经存在 financials 数据库，第一个例子会报错提示已经存在该数据库，第二个例子则会先进行判断，发现"financials"已存在，不执行数据库创建操作。运行的结果是相同的，即均不再创建新的 financials 数据库。

（2）删除数据库

DROP (DATABASE|SCHEMA) [IF EXISTS] database_name [RESTRICT|CASCADE];

其中，IFEXISTS 字段是可选项，表示忽略因 database_name 不存在的报错信息。
如下面的例子执行删除 financial 数据库。

>DROP DATABASE IF EXISTS *financials*;

（3）更改增加数据库属性

ALTER (DATABASE|SCHEMA) database_name SET DBPROPERTIES (property_name=property_value, ...);

通过使用 ALTERDATABASE 命令可以设置数据库的 DBPROPERTIES 的键—值对属性值。数据库的其他信息都是不可以更改的，包括数据库名及数据库的目录位置等。

（4）切换当前工作数据库

USE database_name;
USE DEFAULT;

USE 语句用于设置当前数据库。要恢复到默认数据库，可以使用"DEFAULT"关键字。查看当前正在使用哪个数据库，使用语句为 SELECT current_database()。

2. Create/Drop/Truncate Table

(1) 创建表

```
CREATE [TEMPORARY] [EXTERNAL] TABLE [IF NOT EXISTS] [db_name.]table_name   -- (Note: TEMPORARY available in Hive 0.14.0 and later)
    [(col_name data_type [COMMENT col_comment], ... [constraint_specification])]
    [COMMENT table_comment]
    [PARTITIONED BY (col_name data_type [COMMENT col_comment], ...)]
    [CLUSTERED BY (col_name, col_name, ...) [SORTED BY (col_name [ASC|DESC], ...)] INTO num_buckets BUCKETS]
    [SKEWED BY (col_name, col_name, ...)                       -- (Note: Available in Hive 0.10.0 and later)]
       ON ((col_value, col_value, ...), (col_value, col_value, ...), ...)
       [STORED AS DIRECTORIES]
    [
    [ROW FORMAT row_format]
    [STORED AS file_format]
       | STORED BY 'storage.handler.class.name' [WITH SERDEPROPERTIES (...)]   -- (Note: Available in Hive 0.6.0 and later)
    ]
    [LOCATION hdfs_path]
    [TBLPROPERTIES (property_name=property_value, ...)]        -- (Note: Available in Hive 0.6.0 and later)…
```

下面举例说明一些常用的语法及参数，如下例创建一个名为 example.employee 的表。

```
>CREATE TABLE IF NOT EXISTS example.employee
(Id INT COMMENT 'employeeid',
DateInCompany STRING COMMENT 'date come in company',
Money FLOAT   COMMENT 'work money',
Mapdata Map<STRING,ARRAY<STRING>>,
Arraydata ARRAY<INT>,
StructorData STRUCT<col1:STRING,col2:STRING>)
PARTITIONED BY (century STRING COMMENT 'centruy come in company',
year STRING COMMENT 'come in company year')
CLUSTERED BY (DateInCompany) into 32 buckets
ROW FORMAT DELIMITED FIELDS TERMINATED BY ','
COLLECTION ITEMS TERMINATED BY '@'
MAP KEYS TERMINATED BY '$'
STORED AS TEXTFILE;
```

其中，IF NOT EXISTS 用于判定表是否存在，存在则不创建，不存在才会创建。PARTITIONED BY 表示指定分区，例子中的分区字段为 century 和 year。CLUSTERED BY(DateInCompany) INTO 按 DateInCompany 分桶，分成 32 个桶。ROW FORMAT DELIMITED FIELDS TERMINATED BY ','表示指定表字段分割符为','。COLLECTION ITEMS TERMINATED BY '@'表示指定 array 和 struct 的分隔符为'@'。MAP KEYS TERMINATED BY '$'表示指定 map 的分割符为'$'。STORED AS TEXTFILE 指定该表存储格式为 TEXTFILE。

创建外部表使用 External 关键字，同时需要指定 HDFS 上的一个路径（非必须）为外部表的数据源。创建外部表的例子如下：

```
>CREATE EXTERNAL TABLE IF NOT EXISTS company.person
(Id int,Name string,Age int,Birthday string)
PARTITIONED BY (century string ,year string)
CLUSTERED BY (Age) INTO 10 buckets
ROW FORMAT DELIMITED FIELDS TERMINATED BY ','
STORED AS sequencefile
LOCATION'/localtest';
```

其中，EXTERNAL TABLE 表示创建的是外部表。IF NOT EXISTS 用于判定表是否存在，存在则不创建，不存在才会创建。PARTITIONED BY 表示指定分区。CLUSTERED BY (Age) INTO 10 buckets 表示按 Age 分桶，分成 10 个桶。ROW FORMAT DELIMITED FIELDS TERMINATED BY ',' 指定表字段分割符为 ','。STORED AS sequencefile 表示指定该表存储格式为 sequencefile。LOCATION 指定外表的文件存储路径。

（2）删除表

```
DROP TABLE [IF EXISTS] table_name [PURGE];
```

DROP TABLE 用于删除指定表的元数据和数据。注意：删除 EXTERNAL 表时，表中的数据将不会从文件系统中删除。

（3）TRUNCATE TABLE 删除表数据

```
TRUNCATE TABLE table_name [PARTITION partition_spec];
partition_spec:
    : (partition_column = partition_col_value, partition_column = partition_col_value, ...)
```

TRUNCATE TABLE 命令主要用于删除表中的数据。

3. Alter Table

（1）更改表名称

```
ALTER TABLE table_name RENAME TO new_table_name;
```

（2）更改表的属性信息

```
ALTER TABLE table_name SET TBLPROPERTIES table_properties;
table_properties:
    :(property_name = property_value, property_name = property_value, ... )
```

（3）更改表的存储信息

```
ALTER TABLE table_name CLUSTERED BY (col_name, col_name, ...) [SORTED BY (col_name, ...)]
    INTO num_buckets BUCKETS;
```

（4）增加更改表的内容

```
ALTER TABLE table_name ADD CONSTRAINT constraint_name PRIMARY KEY (column, ...) DISABLE NOVALIDATE;
ALTER TABLE table_name ADD CONSTRAINT constraint_name FOREIGN KEY (column, ...) REFERENCES table_name(column, ...) DISABLE NOVALIDATE RELY;
ALTER TABLE table_name DROP CONSTRAINT constraint_name;
```

下面举例说明 ALTER TABLE 的用法。

```
>ALTER TABLE employee1 CHANGE money string COMMENT 'changed by alter' AFTER dateincompany;
```

修改表 employee 的 money 列注释信息，在 dataincompany 后面添加 changed by alter;

```
>ALTER TABLE employee ADD columns(column1 string);
```

对表 employee 添加 column1 列，属性为 string；

```
>ALTER TABLE employee SET fileformat  TEXTFILE;
```

修改表 employee 的文件格式，修改为 "TEXTFILE"：

>ALTER TABLE employee ADD IF NOT EXISTS PARTITION
(century= '21',year='2012');

针对表 employee 添加分区信息 century= '21'，year= '2012'。

>ALTER TABLE employee DROP PARTITION (century= '23',year='2010');

删除表 employee 的分区。

4. Show Databases/Tables

列出数据库和表信息：

SHOW (DATABASES|SCHEMAS) [LIKE 'identifier_with_wildcards'];
SHOW TABLES [IN database_name] ['identifier_with_wildcards'];

5. Select

数据库查询操作的基本语法为：

[WITH CommonTableExpression (, CommonTableExpression)*]
SELECT [ALL | DISTINCT] select_expr, select_expr, ...
    FROM table_reference
    [WHERE where_condition]
    [GROUP BY col_list]
    [ORDER BY col_list]
    [CLUSTER BY col_list
        | [DISTRIBUTE BY col_list] [SORT BY col_list]
    ]
    [LIMIT [offset,] rows]

以下为一些常用的语句：

>SELECT * FROM sales WHERE amount > 10 AND region = "US"

WHERE 语句主要用于条件判断，此处为从表 sales 中查询 amount>10 且 region=US 的记录。

>SELECT dateincompany, sum(money) AS mm FROM employeeGROUP BY DateInCompany HAVING mm>3;

GROUP BY 指的是通过一定的规则（DateInCompany）将一个数据集划分成若干个小的数据集，然后针对若干个小的数据集进行数据处理（select）。配合聚合函数，就可以对数据进行分组。经过 GROUP BY 分组的数据，如果要进行过滤，可以使用 HAVING 对满足条件（mm>3）的分组进行过滤。

6.3 FusionInsight HD 中 Hive 应用实践

6.3.1 FusionInsight HD 中 Hive 的常用参数配置

FusionInsight HD 中 Hive 有大量的参数配置，下面列出并说明 HiveServer、MetaStore、WebHCat 的一些常用配置，见表 6-4、表 6-5 及表 6-6。更加详细的参数配置说明可参考《FusionInsight HD V100R002C60U20 参数配置说明书》。

表 6-4　　　　　　　　　　　　　HiveServer 常用参数配置

配置项	说明
HIVE_GC_OPTS	运行 HiveServer 进程的 JVM 参数，适当地调整该参数可以优化进程的性能
hive.merge.size.per.task	小文件合并后的文件大小
spark.executor.cores	每个 Executor 占用的 CPU 核数
hive.metastore.warehouse.size.percent	HDFS 分配给 Hive 仓库的空间比例。默认值为 25 意味着 HDFS 将 25%的空间分配给 HiveServer 用于 Hive 仓库
hive.exec.copyfile.maxsize	HDFS 拷贝文件的上限。当文件大于此设定时，将会使用 distcp 来拷贝文件
hive.default.fileformat	Hive 使用的默认文件格式

表 6-5　　　　　　　　　　　　　MetaStore 常用参数配置

配置项	说明
METASTORE_GC_OPTS	运行 MetaStore 进程的 JVM 参数，适当地调整该参数可以优化进程的性能
Max ConnectionsPerPartition	配置 MetaStore 访问的底层数据库连接池大小，集群较大时可适当增大
hive.metastore.server.min.threads	MetaStore 启动的用于处理连接的线程数，如果超过设置的值，MetaStore 就会一直维护不低于设定值的线程数，即常驻 MetaStore 线程池的线程会维护在指定值之上
hive.metastore.server.max.threads	MetaStore 内部线程池中能启动的、最大的用于处理连接的线程数
hive.alter.table.cascade.enable	使用此开关开启修改表的元数据的同时修改分区的元数据
maxConnectionsPerPartition	MetaStore 与 DBService 并行连接的数量，即其与数据库的连接在同一时间内并行连接的数量
partitionCount	MetaStore 使用的分区数量

表 6-6　　　　　　　　　　　　　WebHCat 关键参数配置

配置项	说明
WEBHCAT_GC_OPTS	运行 WebHCat 进程的 JVM 参数，适当地调整该参数可以优化进程的性能
https.include.cipher.suites	允许使用的加密套接字列表，用逗号(,)分隔
templeton.port	主服务器的 HTTP 端口
templeton.thread.pool.min.size	WebHCat 内部线程池，初始化启动时的线程数量
templeton.thread.pool.max.size	WebHCat 内部线程池，最大能启动的线程数量

6.3.2　加载数据到 Hive

具体开发环境的安装配置这里不再赘述，接下来着重介绍如何在华为 FusionInsight HD 中使用 HiveQL 进行数据分析。下面假定一个用于管理企业雇员信息的 Hive 数据分析应用，具体雇员信息见表 6-7、表 6-8。

表 6-7　　　　　　　　　　　　　　雇员信息数据

编号	姓名	支付薪水币种	薪水金额	缴税税种	工作地	入职时间
1	Wang	R	8000.01	personal income tax&0.05	China:Shenzhen	2014
3	Tom	D	12000.02	personal income tax&0.09	America:NewYork	2014
4	Jack	D	24000.03	personal income tax&0.09	America:Manhattan	2014
6	Linda	D	36000.04	personal income tax&0.09	America:NewYork	2014
8	Zhang	R	9000.05	personal income tax&0.05	China:Shanghai	2014

表 6-8　　　　　　　　　　　　　　雇员联络信息数据

编号	电话号码	e-mail
1	135 XXXX XXXX	xxxx@xx.com
3	159 XXXX XXXX	xxxxx@xx.com.cn
4	186 XXXX XXXX	xxxx@xx.org
6	189 XXXX XXXX	xxxx@xxx.cn
8	134 XXXX XXXX	xxxx@xxxx.cn

1. 准备数据

首先需要在 Hive 中创建表以便数据载入，这里我们创建三张表，分别是雇员信息表"employees_info"、雇员联络信息表"cmployees_contact"和雇员信息扩展表"employees_info_extended"。雇员信息表"employees_info"的字段为雇员编号、姓名、支付薪水币种、薪水金额、缴税税种、工作地、入职时间，其中支付薪水币种"R"代表人民币，"D"代表美元；雇员联络信息表"employees_contact"的字段为雇员编号、电话号码、e-mail；雇员信息扩展表"employees_info_extended"的字段为雇员编号、姓名、电话号码、e-mail、支付薪水币种、薪水金额、缴税税种、工作地，分区字段为入职时间。

创建表主要有以下三种方式。

（1）自定义表结构，以关键字 EXTERNAL 区分创建内部表和外部表。如果对数据的处理都由 Hive 完成，则应该使用内部表。在删除内部表时，元数据和数据一起被删除。如果数据要被多种工具（如 Pig 等）共同处理，则应该使用外部表，可避免对该数据的误操作。删除外部表时，只删除掉元数据即可。

（2）根据已有表创建新表，使用 CREATE LIKE 句式，完全复制原有的表结构，包括表的存储格式。

（3）根据查询结果创建新表，使用 CREATE AS SELECT 句式。这种方式比较灵活，可以在复制原表表结构的同时指定要复制哪些字段，不包括表的存储格式。

下面列出 Hive 创建表代码样例。

```
-- 以第一种方式为例创建外部表 employees_info。
CREATE EXTERNAL TABLE IF NOT EXISTS employees_info
(
id INT,
```

```
name STRING,
usd_flag STRING,
salary DOUBLE,
deductions MAP<STRING, DOUBLE>,
address STRING,
entrytime STRING
)
ROW FORMAT delimited fields terminated by ',' MAP KEYS TERMINATED BY '&'
-- 指定行中各字段分隔符。
-- "delimited fields terminated by"指定列与列之间的分隔符',', "MAP KEYS TERMINATED BY"指定 MAP 中键值的
分隔符为'&'。
STORED AS TEXTFILE;
-- 指定表的存储格式为 TEXTFILE。
CREATE TABLE employees_like LIKE employees_info;
-- 使用 CREATE Like 创建表。
DESCRIBE employees_info;
-- 使用 DESCRIBE 查看 employees_info 表结构。
```

创建 employees_info_extended：分区是在创建表的时候用 PARTITIONED BY 子句定义的，代码样例如下。

```
CREATE EXTERNAL TABLE IF NOT EXISTS employees_info_extended
(
id INT,
name STRING,
usd_flag STRING,
salary DOUBLE,
deductions MAP<STRING, DOUBLE>,
address STRING
)
PARTITIONED BY (entrytime STRING)
-- 使用关键字 PARTITIONED BY 指定分区列名及数据类型。
STORED AS TEXTFILE;
```

2. 数据加载

使用 HiveQL 向表 employees_info 中加载数据。下面演示如何从本地文件系统、FusionInsight HD 集群中加载数据。以关键字 LOCAL 区分数据源是否来自本地。

从本地文件系统 /opt/Hive_examples_data/ 目录下将 employee_info.txt 加载进 employees_info 表中并查看表内容，具体命令如下。

```
LOAD DATA LOCAL INPATH '/opt/Hive_examples_data/employee_info.txt' OVERWRITE INTO TABLE employees_info;
desc employees_info;
```

从 HDFS 上 /user/Hive_examples_data/employee_info.txt 加载进 employees_info 表中并查看表内容，具体命令如下。

```
LOAD DATA INPATH '/user/Hive_examples_data/employee_info.txt' OVERWRITE INTO TABLE employees_info;
desc employees_info;
```

6.3.3 使用 HiveQL 进行数据分析

数据分析

（1）使用 HiveQL 查询以下信息：

- 查看薪水支付币种为美元的雇员的联系方式；
- 查询入职时间为 2014 年的雇员编号、姓名等字段，并将查询结果加载进表 employees_info_extended 中的入职时间为2014的分区中；
- 统计表 employees_info 中有多少条记录；
- 查询使用以"cn"结尾的邮箱的员工信息。

具体代码如下。

```
-- 查看薪水支付币种为美元的雇员的联系方式。
SELECT
    a.name,
    b.tel_phone,
    b.email
FROM employees_info a JOIN employees_contact b ON(a.id = b.id) WHERE usd_flag='D';
-- 查询入职时间为 2014 年的雇员编号、姓名等字段，并将查询结果加载进表 employees_info_extended 中的入职时间为 2014 的分区中。
INSERT OVERWRITE TABLE employees_info_extended PARTITION (entrytime = '2014')
SELECT
    a.id,
    a.name,
    a.usd_flag,
    a.salary,
    a.deductions,
    a.address,
    b.tel_phone,
    b.email
FROM employees_info a JOIN employees_contact b ON (a.id = b.id) WHERE a.entrytime = '2014';
-- 使用 Hive 中已有的函数 COUNT()，统计表 employees_info 中有多少条记录。
SELECT COUNT(*) FROM employees_info;
-- 查询使用以"cn"结尾的邮箱的员工信息。
SELECT a.name, b.tel_phone FROM employees_info a JOIN employees_contact b ON (a.id = b.id) WHERE
b.email like '%cn';
```

（2）提交数据分析任务，统计表 employees_info 中有多少条记录。

使用 JDBC 接口提交数据分析任务。代码片段如下，详细代码信息请参考样例程序中的 JDBCExample.java。

```
// 确认所连接的集群是否为安全版本。
boolean isSecureVer = true;
// 其中，zkQuorum 的"xxx.xxx.xxx.xxx"为集群中 ZooKeeper 所在节点的 IP 地址，端口默认是 24002。
zkQuorum = "xxx.xxx.xxx.xxx:24002,xxx.xxx.xxx.xxx:24002,xxx.xxx.xxx.xxx:24002";
// 设置新建用户的 userName，其中"xxx"指代之前创建的用户名，例如创建的用户为 user，则 USER_NAME 为 user。
USER_NAME = "xxx";
// 设置客户端的 keytab 和 krb5 文件路径。
String userdir = System.getProperty("user.dir") + File.separator
        + "conf" + File.separator;
USER_KEYTAB_FILE = userdir + "user.keytab";
KRB5_FILE = userdir + "krb5.conf";
// 定义 HIVEQL，不能包含 ";"。
String[] sqls = {"CREATE TABLE IF NOT EXISTS employees_info(id INT,name STRING)",
"SELECT COUNT(*) FROM employees_info", "DROP TABLE employees_info"};
// 拼接 JDBC URL
StringBuilder sBuilder = new StringBuilder("jdbc:Hive2://").append(zkQuorum).append("/");
```

```java
if (isSecureVerson) {
    // 安全版。
    // ZooKeeper 登录认证。
    LoginUtil.login(USER_NAME, USER_KEYTAB_FILE, KRB5_FILE, CONF);
    sBuilder.append(";serviceDiscoveryMode=")
        .append("zooKeeper")
        .append(";zooKeeperNamespace=")
        .append("Hiveserver2;sasl.qop=auth-conf;auth=KERBEROS;principal=Hive/
        hadoop.hadoop.com@HADOOP.COM")
        .append(";");
} else {
    // 非安全版。
    // 使用多实例特性的"Hiveserver2"变更参照安全版。
    sBuilder.append(";serviceDiscoveryMode=")
        .append("zooKeeper")
        .append(";zooKeeperNamespace=")
        .append("Hiveserver2;auth=none;");
}
String url = sBuilder.toString();
// 加载 Hive JDBC 驱动。
Class.forName(HIVE_DRIVER);
Connection connection = null;
try {
    // 获取 JDBC 连接。
    connection = DriverManager.getConnection(url, "", "");
    // 建表。
    // 表建完之后，如果要往表中导数据，可以使用 LOAD 语句将数据导入表中，比如从 HDFS 上将数据导入表中。
    //load data inpath '/tmp/employees.txt' overwrite into table employees_info;
    execDDL(connection,sqls[0]);
    System.out.println("Create table success!");
    // 查询。
    execDML(connection,sqls[1]);
    // 删表。
    execDDL(connection,sqls[2]);
    System.out.println("Delete table success!");
}
finally {
    // 关闭 JDBC 连接。
    if (null != connection) {
        connection.close();
    }
    public static void execDDL(Connection connection, String sql)
    throws SQLException {
        PreparedStatement statement = null;
        try {
            statement = connection.prepareStatement(sql);
            statement.execute();
        }
        finally {
            if (null != statement) {
                statement.close();
            }
        }
    }
public static void execDML(Connection connection, String sql) throws SQLException {
```

```java
PreparedStatement statement = null;
ResultSet resultSet = null;
ResultSetMetaData resultMetaData = null;
try {
    // 执行 HIVEQL。
    statement = connection.prepareStatement(sql);
    resultSet = statement.executeQuery();
    // 输出查询的列名到控制台。
    resultMetaData = resultSet.getMetaData();
    int columnCount = resultMetaData.getColumnCount();
    for (int i = 1; i <= columnCount; i++) {
        System.out.print(resultMetaData.getColumnLabel(i) + '\t');
    }
    System.out.println();
    // 输出查询结果到控制台。
    while (resultSet.next()) {
        for (int i = 1; i <= columnCount; i++) {
            System.out.print(resultSet.getString(i) + '\t');
        }
        System.out.println();
    }
}
finally {
    if (null != resultSet) {
        resultSet.close();
    }
    if (null != statement) {
        statement.close();
    }
}
```

使用 Python 方式提交数据分析任务代码片段如下，详细代码请参考样例程序中的"python-examples/pyCLI_sec.py"。

```python
#导入 HAConnection 类。
from pyhs2.haconnection import HAConnection
#声明 HiveServer 的 IP 地址列表。本例中 hosts 代表 HiveServer 的节点，xxx.xxx.xxx.xxx 代表 IP 地址。
hosts = ["xxx.xxx.xxx.xxx", "xxx.xxx.xxx.xxx"]
#配置 kerberos 主机名和服务名。本例中 kerberos 主机名为 hadoop，服务名为 Hive。
conf = {"krb_host":"hadoop.hadoop.com", "krb_service":"Hive"}
#创建连接，执行 HIVEQL，输出查询的列名和结果到控制台。
try:
    with HAConnection(hosts = hosts,
    port = 21066,
    authMechanism = "KERBEROS",
    configuration = conf) as haConn:
        with haConn.getConnection() as conn:
            with conn.cursor() as cur:
                # show databases
                print cur.getDatabases()
                # execute query
                cur.execute("show tables")
                # return column info from query
                print cur.getSchema()
                # fetch table results
```

```
for i in cur.fetch():
    print i
except exception, e:
    print e
```

6.4 本章总结

Hive 是基于 Hadoop 文件系统的数据仓库软件,可管理和查询大型分布式数据集。Hive 使用自定义的类 SQL 语言 HiveQL 提供简单的类 SQL 查询功能。Hive 将其元数据存储在独立的 RDBMS 中,数据则存储在 Hadoop 文件系统里。Hive 的查询操作实质上是将 HiveQL 语句转化为 MapReduce 作业,调用 MapReduce、Tez、Spark 等计算框架做运行。

Hive 提供了 Thrift、ODBC、JDBC、CLI、Web 多种接口,方便调用。Hive 将结构化的数据文件映射成数据库表。当表数据量较大时,可以将表划分为若干个分区,还可以进一步以桶的形式进行细分,可提高查询效率。

本章于最后演示了 HiveQL 的编程过程,并介绍了 FusionInsight HD 中 Hive 的操作。

练习题

一、选择题

1. 以下哪个不是 Hive 适用的场景（　　）

A. 实时的在线数据分析

B. 数据挖掘（用户行为分析、兴趣分区、区域展示）

C. 数据汇总（每天/每周用户点击数、点击排行）

D. 非实时分析（日志分析、统计分析）

2. 以下不属于 Hive Server 提供的接口的是（　　）

A. ODBC　　　　B. JDBC　　　　C. Thrift　　　　D. Web

3. MetaStore 常用的数据库有（多选题）（　　）

A. MySQL　　　　B. SQL　　　　C. Oracle　　　　D. Derby

4. Hive 表的两种类型分别是（多选题）（　　）

A. 托管表　　　　B. 分区表　　　　C. 外部表　　　　D. 临时表

二、简答题

1. Hive 的功能有哪些？
2. Hive 的驱动器包括什么组件？
3. 简述 Hive 的数据模型。
4. 简述托管表和外部表的区别。

第7章
大数据数据转换
（Sqoop与Loader）

7.1 Sqoop概述

7.2 FusionInsight HD中Loader的应用实践

7.3 本章总结

练习题

Sqoop 是 Apache 的一款开源工具，主要用于在 Hadoop 与结构化数据存储（如大型主机或关系型数据库 MySQL，Oracle，Postgres 等）之间高效传输批量数据，可以将结构化数据存储中的数据导入到 Hadoop 中，也可以将 Hadoop 的数据导出到结构化数据存储中。

Loader 基于开源 Sqoop 研发，并在 Sqoop 的基础上做了大量优化和扩展，是实现 FusionInsight HD 与关系型数据库、文件系统之间交换数据和文件的数据加载工具。相较于 Sqoop，Loader 具有可视化的管理界面、效率更高、可靠性和安全性更强。

第 7 章首先将简单介绍 Sqoop 的基本概念与应用、Sqoop 的功能与特性，然后对比 Sqoop 与 FusionInsight HD 中 Loader 的差别，最后介绍 Loader 的配置和使用。

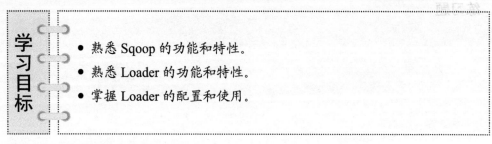

学习目标
- 熟悉 Sqoop 的功能和特性。
- 熟悉 Loader 的功能和特性。
- 掌握 Loader 的配置和使用。

7.1　Sqoop 概述

7.1 节主要介绍什么是 Sqoop，Sqoop 的功能与特性以及 Sqoop 与传统 ETL 工具的区别。

7.1.1 Sqoop 简介与应用

随着 Hadoop 大数据平台的广泛应用，用户将数据集在 Hadoop 和传统数据库之间转移的需求也越来越大。传统 ETL 工具对于 Hadoop 平台的兼容性相对不高，所以 Apache 推出了 Sqoop，它可以在 Hadoop 和关系型数据库之间转移数据。Sqoop 项目开始于 2009 年，最早是作为 Hadoop 的第三方模块存在，后来为了让使用者能够快速部署，开发人员能够更快速地迭代开发，Sqoop 独立成为一个 Apache 项目，并于 2012 年成为顶级项目。

Sqoop 用于在结构化数据存储和 Hadoop 大数据平台（如大型主机或关系型数据库 MySQL、Oracle、Postgres 等）之间高效传输批量数据。用户可以使用 Sqoop 将数据从外部结构化数据存储导入 Hadoop 平台，如 Hive 和 HBase。同时，Sqoop 也可用于从 Hadoop 中提取数据，并将其导出到外部结构化数据存储（如关系型数据库和企业数据仓库）。

7.1.2 Sqoop 的功能与特性

1. Sqoop 的功能

Sqoop 是 Hadoop 中简单高效的数据传输工具。主要功能为以下两个。

- 将数据从关系型数据库或大型主机导入到 Hadoop 平台，导入进程中的输入内容是数据库表或主机数据集。对于数据库，Sqoop 将逐行读取表格到 Hadoop。对于主机数据集，Sqoop 将从每个主机数据集读取记录到 HDFS。导入过程的输出是一组文件，其中包含导入的表或数据集的副本。导入过程是并行执行的。因此，输出将在多个文件中产生。
- 将数据从 Hadoop 平台导出到关系型数据库或大型主机，Sqoop 的导出过程会并行地从 HDFS 读取所需数据，将它们解析为记录，如果导出到数据库，则将它们作为新行插入到目标数据库表中，如果导出到大型主机，则直接形成数据集，供外部应用程序或用户使用。

用户使用 Sqoop 时，只需要通过简单的命令进行操作，Sqoop 会自动化数据传输中的大部分过程。Sqoop 使用 MapReduce 导入和导出数据，提供并行操作和容错功能。

在使用 Sqoop 的过程中，用户可以定制导入、导出过程的大多数方面，可以控制导入的特定行范围或列，也可以为数据的基于文件的表示以及所使用的文件格式指定特定的分隔符和转义字符。

2. Sqoop 的特性

Sqoop 专门用于 Hadoop 平台与外部数据源的数据交互，对 Hadoop 生态系统是一个有力的补充。Sqoop 具有以下特性。

- 并行处理

Sqoop 充分利用了 MapReduce 的并行特点，以批处理的方式加快数据的传输，同时也借助 MapReduce 实现了容错。

- 适用性高

通过 JDBC 接口和关系型数据库进行交互，理论上支持 JDBC 接口的数据库都可以使用 Sqoop 和 Hadoop 进行数据交互。

- 使用简单

用户通过命令行的方式对 Sqoop 进行操作，一共只有 15 条命令。其中 13 条命令用于数据处理，操作简单，用户可以轻松地完成 Hadoop 与 RDBMS 的数据交互。

7.1.3 Sqoop 与传统 ETL 的区别

ETL，是英文 Extract-Transform-Load 的缩写，用来描述将数据从数据源经过抽取（Extract）、转换（Transform）、加载（Load）至目标存储的过程。ETL 是构建数据仓库的重要一环，用户从数据源抽取出所需的数据，经过数据清洗，最终按照预先定义好的数据仓库模型，将数据加载到数据仓库中去。传统的 ETL 工具有：Informatica、DataStage、OWB、微软 DTS、Beeload、Kettle 等。Sqoop 用于 Hadoop 大数据平台与关系型数据库之间的数据转移，对 Hadoop 平台的兼容性以及大规模数据集的处理能力要优于传统 ETL 工具。Sqoop 与传统 ETL 工具的区别具体见表 7-1。

表 7-1 Sqoop 与传统 ETL 工具的区别

对比项	Sqoop	传统 ETL 工具
与 Hadoop 系统的集成	Sqoop 属于 Hadoop 生态系统的一个组件，与 HDFS、Hive 和 HBase 兼容。可以在关系型数据库和 Hadoop 之间便捷地做数据转移，无需进行二次开发	传统 ETL 工具用于 Hadoop 平台需要进行相应的技术开发工作，开发与 Hadoop 相关的接口，才可以与 Hadoop 平台进行数据传输
数据抽取的方式	Sqoop 通过 JDBC 与关系型数据库进行交互，以 MapReduce 任务的方式进行数据传输	ETL 目前已有数个成熟的产品体系，数据抽取方式多样，主要服务于传统仓库数据库
容错性	Sqoop 的容错主要依赖于 MapReduce 的容错机制	在传统的数据仓库上，ETL 工具经过多年的发展已经比较成熟，具有多种容错方式，对于数据传输中出现的错误也可通过可视化的方式进行查看
产品成本	属于开源项目，企业可免费使用	除了少数开源产品外，企业需每年缴纳许可费用

7.2 FusionInsight HD 中 Loader 的应用实践

7.2 节主要介绍了 FusionInsight HD 的数据加载工具 Loader，讲解了 Loader 的参数配置以及常用 Shell 命令的使用。

7.2.1 FusionInsight HD 中 Loader 与 Sqoop 的对比

1. Loader 简介

Loader 是实现 FusionInsight HD 与关系型数据库、文件系统之间交换数据和文件的数据加载工具,如图 7-1 所示。Loader 基于开源 Sqoop 研发,并在 Sqoop 的基础上做了大量优化和扩展。其主要的功能特性包括提供可视化向导式的作业配置管理界面;提供定时调度任务,周期性执行 Loader 作业;在界面中可指定多种不同的数据源、配置数据的清洗和转换步骤、配置集群存储系统等。

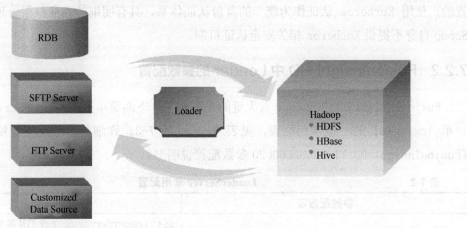

图 7-1 Loader 的应用场景

Loader 在 FusionInsight HD 产品的位置,如图 7-2 所示。其中,FusionInsight HD 提供大数据处理环境;Porter 是 FusionInsight HD 的数据集成服务,提供与 Hadoop 集群多种交换数据方式(包括 Loader、Flume、FTP)及 Hadoop 图形界面(Hue);Loader 是实现 FusionInsight HD 与关系型数据库、文件系统之间交换数据和文件的数据加载工具。

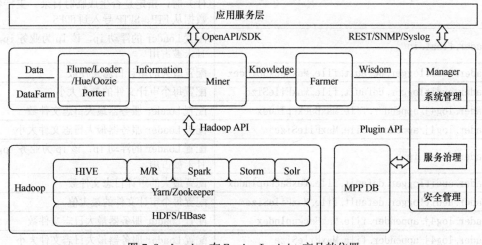

图 7-2 Loader 在 FusionInsight 产品的位置

2. Loader 与 Sqoop 对比

与 Sqoop 相比，Loader 主要有以下 3 个优点。

（1）Loader 提供更加易用的 UI 界面对作业进行管理，同时也提供了命令行接口，以满足客户调度程序或自动化脚本的需要。而 Sqoop 没有提供图形界面。

（2）Loader 具有更好的可靠性。Loader Server 采用主备双机；Loader 作业通过 MapReduce 执行，支持失败重试，且作业失败后，不会残留数据。Sqoop 不提供主备双机架构。

（3）Loader 具有更高的安全性。Loader 的安全策略是在 FusionInsight HD 统一配置的，使用 Kerberos 认证作为统一的身份认证体系，具有明细的作业权限管理机制。Sqoop 自身不提供 Kerberos 相关安全认证机制。

7.2.2 FusionInsight HD 中 Loader 的参数配置

FusionInsight HD 中 Loader 有大量的参数配置，下面简单列出 LoaderServer 和客户单 login.xml 的一些常用配置，见表 7-2 和表 7-3。详细的参数配置说明可参考《FusionInsight HD V100R002C60U20 参数配置说明书》。

表 7-2　　　　　　　　　　　　LoaderServer 常用配置

参数配置项	说明
LOADER_GC_OPTS	运行 LoaderServer 进程的 JVM 参数，适当地调整该参数可以优化进程的性能
LOADER_JOB_GROUPS_NUMBER	配置最大的作业分组数
SQOOP_CONNECTOR_JDBC_FETCH_SIZE	配置每次从数据库查询数据时的取出条数
LOADER_HTTPS_PORT	配置 Loader 服务器的 HTTPS 端口
loader.repository.jdbc.properties.socketTimeout	配置 JDBC 连接的 Socket 超时时间
loader.job.output.data.temporary.directory	配置当作业类型为"IMPORT"，文件操作方式为"IGNORE"（IGNORE 表示忽略同名文件）时，指定是否生成临时目录。支持将数据从 FTP、SFTP 导入到 HDFS
loader.float.ip	配置 Loader 的浮动 ip，该 ip 为业务 ip，且未被占用
loader.auditlogger.default.file.MaxBackupIndex	配置最大的审计日志文件数
loader.auditlogger.default.file.MaxFileSize	配置每个审计文件的最大大小
loader.log4j.appender.file.MaxBackupIndex	配置 Loader 服务器最大日志文件数
loader.log4j.appender.file.MaxFileSize	配置 Loader 服务器最大日志文件大小
loader.float.ip	配置 Loader 的浮动 ip，该 ip 为业务 ip，且未被占用
loader.auditlogger.default.file.MaxBackupIndex	配置最大的审计日志文件数
loader.auditlogger.default.file.MaxFileSize	配置每个审计文件的最大值
loader.log4j.appender.file.MaxBackupIndex	配置 Loader 服务器最大日志文件数
loader.log4j.appender.file.MaxFileSize	配置 Loader 服务器最大日志文件大小

第 7 章 大数据数据转换（Sqoop 与 Loader）

表 7-3   login-info.xml 参数

参数名称	描述
hadoop.config.path	填写 Hadoop 集群"core-site.xml""hdfs-site.xml"和"krb5.conf"三个配置文件的保存目录。默认保存在"Loader 客户端安装目录/Loader/loader-tools 1.99.3/loader-tool/hadoop-config/"
authentication.type	Loader 服务的鉴权类型，请根据 FusionInsight HD 集群认证模式填写："kerberos"：表示安全模式。"simple"：表示普通模式
user.keytab	是否使用 keytab 文件认证，参数值为"true"与"false"
authentication.user	安全模式中若不使用 keytab 认证，配置访问 Loader 服务的"人机"用户名
authentication.password	安全模式中若不使用 keytab 认证，配置访问 Loader 服务的用户密码加密字符串。说明：使用安装客户端的用户执行以下命令加密密码。加密工具第一次执行时自动生成随机动态密钥并保存在".loader-tools.key"中，加密工具每次加密密码时会使用此动态密钥。删除".loader-tools.key"后加密工具执行时重新生成新的随机密钥并保存在".loader-tools.key"中。sh Loader 客户端安装目录/Loader/loader-tools-1.99.3/encrypt_tool password
authentication.principal	安全模式中使用 keytab 认证，配置访问 Loader 服务的"机机"用户名
authentication.keytab	安全模式中使用 keytab 认证，配置访问 Loader 服务的"机机"用户 keytab 文件目录，需包含绝对路径
zookeeper.quorum	配置连接 ZooKeeper 节点的 IP 地址和端口，参数值格式为"IP1:port,IP2:port,IP3:port"，以此类推。默认端口号为"24002"
sqoop.server.list	配置连接 Loader 的浮动 IP 和端口，参数值格式为"floatip:port"。默认端口号为"21351"

7.2.3   使用 Loader 进行数据转换

Loader 支持多种将数据或文件从关系型数据库或文件系统导入到 FusionInsight HD 系统的方式，见表 7-4。

表 7-4   Loader 支持的数据导入方式

数据源	导入目标
RDBMS	HDFS、HBase 表、Phoenix 表、Hive 表
SFTP	HDFS、HBase 表、Phoenix 表、Hive 表
FTP	HDFS、HBase 表、Phoenix 表、Hive 表
HDFS	HBase（要求 HDFS 与 HBase 在同一集群）
VoltDB 数据库	HDFS、HBase 表、Phoenix 表、Hive 表

Loader 支持多种将数据或文件从 FusionInsight HD 系统中导出到关系型数据库或文件系统中的方式，见表 7-5。

表 7-5　　　　　　　　　　Loader 支持的数据导出方式

数据源	导出目标
HDFS	SFTP、RDBMS、VoltDB 数据库
HBase	SFTP、RDBMS、VoltDB 数据库
Phoenix 表	SFTP、RDBMS、VoltDB 数据库
Hive	SFTP、RDBMS、VoltDB 数据库
HBase	HDFS（要求 HDFS 与 HBase 在同一集群）

FusionInsight HD 与外部数据源交换数据和文件时需要连接数据源。FusionInsight HD 提供以下连接器，用于配置不同类型数据源的连接参数：

generic-jdbc-connector：关系型数据库连接器。

ftp-connector：FTP 数据源连接器。

hdfs-connector：HDFS 数据源连接器。

oracle-connector：Oracle 数据库专用连接器，使用 row_id 作为分区列，相对 generic-jdbc-connector 来说，Map 任务分区更均匀，并且不依赖分区列是否有创建索引。

mysql-fastpath-connector：MYSQL 数据库专用连接器，使用 MYSQL 的 mysqldump 和 mysqlimport 工具进行数据的导入导出，相对 generic-jdbc-connector 来说，导入导出速度更快。

sftp-connector：SFTP 数据源连接器。

oracle-partition-connector：支持 Oracle 分区特性的连接器，专门对 Oracle 分区表的导入导出进行优化。

voltdb-connetor：VoltDB 数据库连接器。

7.2.4　Loader 的常用 Shell 命令

sqoop-shell 是 Loader 的 Shell 工具，其所有功能都是通过执行脚本 "sqoop2-shell" 来实现的。sqoop-shell 工具提供的功能主要有：创建和更新连接器、创建和更新作业、删除连接器和作业、以同步或异步的方式启动作业、停止作业、查询作业状态、查询作业历史执行记录、复制连接器和作业、创建和更新转换步骤、指定行、列分隔符等。

sqoop-shell 工具支持以下两种工作模式。

1. 交互模式

通过执行不带参数的 "sqoop2-shell" 脚本，进入 Loader 特定的交互窗口，用户输入脚本后，工具会返回相应信息到交互窗口。

2. 批量模式

通过执行 "sqoop2-shell" 脚本，带一个文件名作为参数，该文件中按行存储了多条命令，sqoop-shell 工具将会按顺序依次执行文件中所有命令。

通过执行不带参数的"sqoop2-shell"脚本可以进入交互模式命令，进入 sqoop 工具窗口，逐条执行命令，如下所示。

```
#./sqoop2-shell
Welcome to sqoop client
Use the username and password authentication mode
Authentication success.
Sqoop Shell: Type 'help' or '\h' for help.
sqoop:000>
```

在交互模式下运行 help 命令可以获取 loader 支持命令的帮助信息，sqoop-shell 可以通过这些命令来实现 Loader 各种功能，详见表 7-6。

```
sqoop:000> help
For information about Sqoop, visit: http://sqoop.apache.org/
Available commands:
  exit    (\x  ) Exit the shell
  history (\H  ) Display, manage and recall edit-line history
  help    (\h  ) Display this help message
  set     (\st ) Set server or option Info
  show    (\sh ) Show server, connector, framework, connection, job, submission or option Info
  create  (\cr ) Create connection or job Info
  delete  (\d  ) Delete connection or job Info
  update  (\up ) Update connection or job Info
  clone   (\cl ) Clone connection or job Info
  start   (\sta) Start job
  stop    (\stp) Stop job
  status  (\stu) Status job
For help on a specific command type: help command
sqoop:000>
```

表 7-6　　　　　　　　　　　　　　sqoop-shell 支持的命令

命令	说明
exit	表示退出交互模式。 该命令仅支持交互模式
history	查看执行过的命令。 该命令仅支持交互模式
help	查看工具帮助信息
set	设置服务端属性
show	显示服务属性和 Loader 所有元数据信息
create	创建连接器和作业
update	更新连接器和作业
delete	删除连接器和作业
clone	复制连接器和作业
start	启动作业
stop	停止作业
status	查询作业状态

通过执行"sqoop2-shell"脚本进入批量模式命令，需要在 sqoop2-shell 命令后面写一个文本文件名作为参数，该文件中按行存储了多条命令，工具会按顺序执行该文件中的所有命令。

./sqoop2-shell batchCommand.sh

其中 batchCommand.sh 为用户自定义文本文件名称。

7.2.5 Loader 应用实践

7.2.5 节主要讲解通过 Shell 脚本来更新与运行 Loader 作业。一般情况下，我们可以在 Loader 界面管理数据导入导出作业。当需要通过 Shell 脚本来更新与运行 Loader 作业时，必须对已安装的 Loader 客户端进行配置。这里对 Loader 客户端配置做出简单讲解，更加详细信息可参见《FusionInsight HD Shell 操作维护命令说明书》中关于"Loader"的讲解。

在终端界面执行以下命令，进入 Loader 客户端安装目录。例如，Loader 客户端安装目录为"/opt/hadoopclient/Loader"。

#cd /opt/hadoopclient/Loader

执行 source 下命令，配置环境变量。

#source /opt/hadoopclient/bigdata_env

执行以下命令解压"loader-tools-1.99.3.tar"。

#tar -xvf loader-tools-1.99.3.tar

解压后的新文件保存在"loader-tools-1.99.3"目录。

执行以下命令修改工具授权配置文件"login-info.xml"，并保存退出。

#vi loader-tools-1.99.3/loader-tool/job-config/login-info.xml

编辑完配置文件，执行 cd 命令进入 Loader Shell 客户端目录。例如，Loader 客户端安装目录为"/opt/hadoopclient/Loader"。

#cd /opt/hadoopclient/Loader/loader-tools-1.99.3/shell-client/

然后就可以通过 Loader Shell 客户端工具运行作业，submit_job.sh 脚本对应的参数可参见表 7-7。

#./submit_job.sh -n <arg> -u <arg> -jobType <arg> -connectorType <arg> -frameworkType <arg>

表 7-7　　　　　　　　　　　　　　**submit_job.sh 参数**

参数名称	描述
"-n"	必配项，表示作业名称
"-u"	必配项。 指定参数值为"y"表示更新作业参数并运行作业，此时需配置"-jobType""-connectorType"和"-frameworkType"。指定参数值为"n"表示不更新作业参数直接运行作业
"-jobType"	表示作业类型，当"-u"的值为"y"时，必须配置。 指定参数值为"import"表示数据导入作业，指定参数值为"export"表示数据导出作业

— 152 —

（续表）

参数名称	描述
"-connectorType"	表示连接器类型，当"-u"的值为"y"时，必须配置。根据业务需要可修改外部数据源的部分参数。 指定参数值为"sftp"表示SFTP连接器。 在导入作业中，支持修改源文件的输入路径"-inputPath"、源文件的编码格式"-encodeType"和源文件导入成功后对输入文件增加的后缀值"-suffixName"。 在导出作业中，支持修改导出文件的路径或者文件名"-outputPath"。 指定参数值为"rdb"表示关系型数据库连接器。 在导入作业中，支持修改数据库模式名"-schemaName"、表名"-tableName"、SQL 语句"-sql"、要导入的列名"-columns"和分区列"-partitionColumn"。 在导出作业中，支持修改数据库模式名"-schemaName"、表名"-tableName"和临时表名称"-stageTableName"
"-frameworkType"	表示Hadoop 端数据保存的类型，当"-u"的值为"y"时，必须配置。根据业务需要可修改数据保存类型的部分参数。 指定参数值为"hdfs"表示Hadoop 端使用 HDFS。 在导入作业中，支持修改启动的 map 数量"-extractors"和数据导入到HDFS里存储的保存目录"-outputDirectory"。 在导出作业中，支持修改启动的 map 数量"-extractors"、从 HDFS 导出时的输入路径"-inputDirectory"和导出作业的文件过滤条件"-fileFilter"。 指定参数值为"hbase"表示Hadoop 端使用 HBase。在导入作业和导出作业中，支持修改启动的 map 数量"-extractors"

下面简单运行一些任务示例。

1．不更新作业参数，直接运行名称为"sftp-hdfs"的作业。

#./submit_job.sh -n sftp-hdfs -u n

2．更新名称为"sftp-hdfs"导入作业的输入路径、编码类型、后缀、输出路径和启动的 map 数量参数，并运行作业。

#./submit_job.sh -n sftp-hdfs -u y -jobType import -connectorType sftp -inputPath /opt/tempfile/1 -encodeType UTF-8 -suffixName " -frameworkType hdfs -outputDirectory /user/hw/tttest -extractors 10

3．更新名称为"db-hdfs"导入作业的数据库模式、表名、输出路径参数，并运行作业。

#./submit_job.sh -n db-hdfs -u y -jobType import -connectorType rdb -schemaName public -tableName sq_submission -sql " -partitionColumn sqs_id -frameworkType hdfs -outputDirectory /user/hw/dbdbt

7.3 本章总结

Apache Sqoop 是用于在 Apache Hadoop 和结构化数据存储（如关系型数据库）之间高效传输批量数据的开源工具。Sqoop 使用 MapReduce 执行导入和导出数据操作，提供并行操作和容错功能，通过 JDBC 接口与关系型数据进行交互。

Loader 是实现华为 FusionInsight HD 与关系型数据库、文件系统之间交换数据和文件的数据加载工具。Loader 基于 Sqoop 研发,并在 Sqoop 的基础上做了大量优化和扩展。相较于 Sqoop,Loader 提供可视化向导式的作业配置管理界面,使用更加方便;使用高可用架构更具可靠性,集成了安全认证系统具有更强的安全性。

第 7 章最后介绍了 Loader 的配置以及常用 Shell 命令。

练习题

一、选择题

1. Sqoop 与关系型数据库交互的接口是(　　)
   A. ODBC　　　　B. JDBC　　　　C. Thrift　　　　D. CLI
2. Sqoop-Shell 支持的模式有(多选题)(　　)
   A. 交互模式　　B. 批量模式　　C. 串行模式　　D. 自动化模式
3. Loader 相较于 Sqoop 的优点有(多选题)(　　)
   A. 可视化管理界面　　　　　　　B. 效率更高
   C. 可靠性　　　　　　　　　　　D. 安全性

二、简答题

1. Sqoop 的特点有哪些?
2. Loader 的主要功能特性有哪些?
3. Sqoop-Shell 工具的主要功能是什么?

第8章
入侵检测系统
(IDS)

第8章
大数据日志处理
(Flume)

8.1 Flume概述
8.2 FusionInsight HD中Flume的应用实践
8.3 本章总结
练习题

Flume 是一个分布式、高可靠和高可用的海量日志聚合的开源日志系统，支持从多种数据源收集数据，对数据进行简单处理后，将数据写到数据接受方（可定制）。

第 8 章首先介绍了 Flume 的基本概念和应用、Flume 的架构及相关组件、Flume 的功能与特性、Flume 与其他主流开源日志收集产品的对比；再次介绍了 Flume 的配置和常用维护命令；最后通过与 Kafka 结合的案例演示了 Flume 如何传输数据。

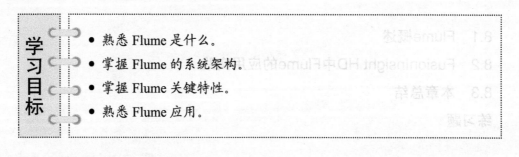

学习目标
- 熟悉 Flume 是什么。
- 掌握 Flume 的系统架构。
- 掌握 Flume 关键特性。
- 熟悉 Flume 应用。

8.1　Flume 概述

8.1 节介绍了 Flume 的基本概念和应用以及 Flume 的功能特性，分析了 Flume 的架构和相关组件，最后将 Flume 与其他主流开源日志系统进行了对比。

8.1.1　Flume 简介与应用

1. Flume 简介

Flume 是一个分布式、高可靠和高可用的海量日志聚合系统，支持从多种数据源收集数据,对数据进行简单处理后,将数据写到数据接受方(可定制)。Flume 提供从本地文件、实时日志、REST 消息、Thrift、Avro、Syslog、Kafka 等数据源收集数据的能力。

Flume 最早由 Cloudera 公司开发,基于 Java 语言,于 2009 年成为 Apache 基金会的项目。Flume 有两个版本,Flume 0.9x 版本统称为 Flume-OG,Flume 1.x 版本统称为 Flume-NG。2012 年,Apache Flume 团队推出 Flume 1.2.0,Flume 成为 Apache 的顶级项目。

2. Flume 的架构

Flume 的架构非常简单,只需要部署 Agent(代理)一个角色,如图 8-1 所示,Flume 通过 Agent 获取外部日志数据再传输到目标存储 HDFS 中,图中使用单 Agent 架构直接采集数据,主要用于采集集群内数据。

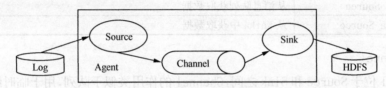

图 8-1 Flume 基础架构

Flume 也支持多 Agent 架构,可以将多个 Agent 级联起来,如图 8-2 所示,Flume 从最初的数据源收集 Log 数据,经过两个 Agent 的传输,最终将数据存储到存储系统 HDFS 中。多 Agent 架构可起到复制、分流等作用,主要用于将集群外的数据导入到集群内。

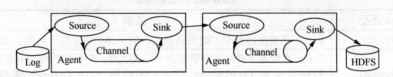

图 8-2 Flume 多 Agent 架构

Flume 传输数据的基本单位是 Event,Event 代表着一个数据流的最小完整单元,来自外部数据源,流向最终目的存储。Event 由 Header(报头)和 Body(主体)组成。Header 是 key/value 形式的,用于保存路由信息和该 Event 的属性信息。Body 是一个字节数组,包含了实际的内容。Flume 的 Agent 中包括 Source、Channel 和 Sink 3 个模块,一个 Agent 内可以有多个 Channel 和 Sink。Event 从 Source 流向 Channel,再由 Channel 到 Sink。Flume 通过 Event 中 Header 的信息决定将 Event 发送到哪个 Channel。

3. Source

Source 负责接收 Event 或通过特殊机制产生 Event,并将 Event 批量放到一个或多个 Channel。Source 分为驱动型和轮询型两种,可以对接多种数据源。驱动型 Source 的工作模式是数据源主动发送数据给 Flume,驱动 Flume 接受数据,如 Exec Source、Avro Source、Thrift Source 和 HTTP Source。轮询型 Source 的工作模式是 Flume 周期性地主动从数据源获取数据，如 Syslog Source、Spooling Directory Source、Jms Source 和 Kafka Source。用户还可以对 Source 进行自定义开发。Source 的主要类型见表 8-1。

表 8-1　　　　　　　　　　　　　　Source 的主要类型

Source 类型	说明
Exec Source	执行某个命令或者脚本，并将其执行结果的输出作为数据源
Avro Source	提供一个基于 Avro 协议的 Server，将其绑定到某个端口上，等待 Avro 协议客户端发过来的数据
Thrift Source	提供一个基于 Thrift 协议的 Server，将其绑定到某个端口上，等待 Thrift 协议客户端发过来的数据
HTTP Source	支持 HTTP 的 post 发送数据
Syslog Source	采集系统 Syslog
Spooling Directory Source	采集本地静态文件
Jms Source	从消息队列获取数据
Kafka Source	从 Kafka 中获取数据

4. Channel

Channel 位于 Source 和 Sink 之间，Channel 的作用类似于队列，用于临时缓存 Agent 中的 Event。用户可以对 Channel 进行自定义开发。不同的 Channel 类型提供的数据持久化水平是不一样的，缓存的位置也不同，Channel 可以将 Event 存放到内存、文件系统或数据库中。Channel 的主要类型见表 8-2。

表 8-2　　　　　　　　　　　　　　Channel 的主要类型

Channel 类型	说明
Memory Channel	Event 存放在内存中，提供高吞吐，但不提供可靠性，可能丢失数据
File Channel	Event 存放在文件中，对数据进行了持久化；但是配置较为麻烦，需要配置数据目录和 Checkpoint 目录；不同的 File Channel 需要配置一个 Checkpoint 目录
JDBCChannel	Event 存放在 Flume 内置的 Derby 数据库中，对 Event 进行了持久化，提供高可靠性

5. Sink

Sink 负责将 Event 传输到下一跳或最终目的存储，Event 写成功后，会从 Channel 中被移除。Sink 必须作用于一个确切的 Channel。用户可以使用不同类型的 Sink 将数据传输到不同的目标存储（如 HDFS、HBase、Kafka、Solr 和本地文件系统）或下一级 Flume Agent。同样用户也可以对 Sink 进行自定义开发。Sink 的主要类型见表 8-3。

表 8-3　　　　　　　　　　　　　　Sink 的主要类型

Sink 类型	说明
HDFS Sink	将数据写到 HDFS 上
Avro Sink	使用 Avro 协议将数据发送给下一跳的 Flume
Thrift Sink	使用 Thrift 协议将数据发送另下一跳的 Flume

(续表)

Sink 类型	说明
File Roll Sink	将数据保存在本地文件系统中
HBase Sink	将数据写到 HBase 中
Kafka Sink	将数据写入到 Kafka 中
MorphlineSolr Sink	将数据写入到 Solr 中

6. Flume 的应用

Flume 作为 Hadoop 平台日志收集的核心组件,提供了强大的可扩展的设计架构和丰富的插件,能够将来自不同数据源的海量日志数据高效地收集、聚合、移动、存储到统一的数据存储系统中。

Flume 适用于采集应用系统产生的日志,采集后的数据供上层应用分析。

8.1.2 Flume 的功能与特性

1. Flume 的功能

Flume 功能强大,可灵活调整架构、自定义插件,为用户提供了以下功能。

- 从固定目录下采集日志信息到目的地(如 HDFS、HBase、Kafka)。
- 实时采集日志信息到目的地(如 HDFS、HBase、Kafka)。
- 支持级联(多个 Agent 对接起来)。
- 支持按照用户定制实现数据采集,可以使用 Flume 来对接多种类型数据源,包括但不限于网络流量数据、社交媒体生成数据、电子邮件消息以及其他数据源。

2. Flume 的特性

Flume 具有如下特性。

- 压缩加密:Flume 级联节点之间的数据传输支持压缩和加密,提升数据传输效率和安全性。
- 复杂流:Flume 支持扇入流(fan-in)和扇出流(fan-out)。扇入流即 Source 可以接受多个输入,扇出流即 Sink 可以将 Event 分流输出到多个目的地。
- 传输可靠性:Flume 在传输数据过程中,支持 Channel 缓存、数据发送、故障转移,保证传输过程中数据不会丢失,增强了数据传输的可靠性。同时,缓存在 Channel 中的数据如果采用 File Channel,即使进程或者 Agent 故障重启,数据也不会丢失。Flume 在传输数据过程中,如果下一跳的 Agent 故障或者数据接受异常,那么在存在冗余路径的情况下,Flume 可以自动切换到另外一路上继续传输,如果没有冗余路径则将数据写到本地,待数据接收方恢复后再继续发送。
- 数据过滤:Flume 在传输数据过程中,可以对数据简单过滤、清洗,去掉不关心的数据,同时,如果需要对复杂的数据过滤,需要用户根据自己的数据特殊性,开发过滤插件。Flume 支持第三方过滤插件调用。

8.1.3 Flume 与其他主流开源日志收集系统的区别

目前常用的开源日志收集系统除了 Flume 之外还有:Facebook 的 Scribe,Apache 的 Chukwa 和 Kafka(最早由 Linkedin 开发)。Scribe 是 Facebook 开发的分布式日志收集系统,它为日志的"分布式收集和统一处理"提供了一个可扩展、高容错的方案。Chukwa 是用于监控大型分布式系统的开源数据收集系统,集成了 Hadoop 的一些组件,将 HDFS 作为存储系统,使用 MapReduce 框架处理数据,并提供了灵活且功能强大的工具包,用于显示、监控和分析结果。Kafka 是一种高吞吐量的分布式发布—订阅消息系统,可用于分布式系统的日志收集,它最初由 LinkedIn 公司开发,之后成为 Apache 项目的一部分。

Flume 与 Scribe、Chukwa、Kafka 的对比具体见表 8-4。

表 8-4　　　　　　　　　　Flume 与其他日志收集产品对比

日志收集产品	Flume	Scribe	Chukwa	Kafka
开发语言	Java	C/C++	Java	Scala
容错性	Agent 和存储之间有容错性机制,提供 End-to-end、Store on failure、Best effort 三种级别的可靠性保证	Agent 与存储之间有容错机制,Agent 与收集器之间的容错需用户自己实现	Agent 与存储之间有容错机制	Agent 和收集器、Agent 和存储之间都有容错性机制
负载均衡	使用 ZooKeeper	不适用	不适用	使用 ZooKeeper
Agent	Flume 提供丰富的 Agent,可直接使用。支持对 Agent 中的 Source、Channel 和 Sink 进行自定义开发	Scribe 内部定义了 ThriftAPI,用户自己开发实现 Thrift Agent	提供了一些自带的 Agent	用户需根据 Kafka 提供的 API 自己开发实现 Agent
收集器(用于收集汇总 Agent 的数据,发送给存储)	不适用	使用 Thrift Server	不适用	使用 sendfile、zore-copy 等技术提高收集效率
存储	可使用 HDFS	可使用 HDFS	可使用 HDFS	可使用 HDFS

8.2　FusionInsight HD 中 Flume 的应用实践

8.2 节主要介绍 FusionInsight HD 中 Flume 的应用实践,包括:Flume 的常用参数配置、Flume 常用的 Shell 命令以及 Flume 与 Kafka 结合进行日志处理。

8.2.1 FusionInsight HD 中 Flume 的常用参数配置

FusionInsight HD 中 Flume 有大量的参数需配置，下面列出 Flume Server 和 Flume Client 的一些常用配置。更加详细的参数配置说明可参考《FusionInsight HD V100R002C60U20 参数配置说明书》。

通过修改 Flume Server 的关键参数配置项，用户可以配置 Flume Server 的 IP、端口号、安全认证相关内容以及一些有特定功能的目录路径，具体见表 8-5。

表 8-5 Flume Server 常用配置

参数配置项	说明
server.sources.avro_source.ssl	是否启用 SSL 认证（基于安全要求，建议用户启用此功能），true 表示启用，false 表示不启用
server.sources.avro_source.port	Flume Server 端口号（端口范围：21153～21199）
server.sources.avro_source.bind	Flume Server 使用的 IP 地址（业务平面）
server.sources.avro_source.keystore	服务端证书
server.sources.avro_source.keystore-password	密钥库密码，获取 Keystore 信息所需密码
server.sources.avro_source.truststore	服务端的 SSL 证书信任列表
server.sources.avro_source.truststore-password	信任列表密码，获取 truststore 信息所需密码
server.channels.file_channel.dataDirs	Flume 服务端 Channel 保存日志内容的目录（确保 omm 用户有读写或创建该目录的权限）
server.channels.file_channel.checkpointDir	Flume 服务端 Channel 检视点信息的目录（确保 omm 用户有读写或创建该目录的权限）
server.sinks.hdfs_sink.hdfs.path	hdfs 路径，用于保存客户端采集到的数据

通过修改 Flume Client 的常用参数配置项，用户可以配置 Flume Client 所连接的 Flume Server 的对应 IP 和端口号、安全认证相关内容以及一些有特定功能的目录路径，具体见表 8-6。

表 8-6 Flume Client 的常用配置

参数配置项	说明
client.sinks.static_log_sink.ssl	是否启用 SSL 认证（基于安全要求，建议用户启用此功能），true 表示启用，false 表示不启用
client.sources.static_log_source.spoolDir	用户需要采集日志的目录
client.sources.static_log_source.trackerDir	Flume 客户端保存读取日志文件信息的目录
client.channels.static_log_channel.dataDirs	Flume 客户端保存日志内容的目录
client.channels.static_log_channel.checkpointDir	Flume 客户端检视点信息的目录
client.sinks.static_log_sink.hostname	Flume 服务端 IP 地址（业务平面）。与服务端保持一致
client.sinks.static_log_sink.port	Flume 服务端端口号（端口范围：21153～21199）。与服务端保持一致

(续表)

参数配置项	说明
client.sinks.static_log_sink.keystore	客户端证书
client.sinks.static_log_sink.keystore-password	密钥库密码，获取 Keystore 信息所需密码
client.sinks.static_log_sink.truststore	客户端的 SSL 证书信任列表
client.sinks.static_log_sink.truststore-password	信任列表密码，获取 Truststore 信息所需密码

8.2.2　Flume 常用的 Shell 命令

在华为 FusionInsight HD 平台中，Flume 的日常维护工作大多可以通过 FusionInsight Manager 完成，这里我们将介绍 Flume 组件中的客户端维护命令。

实现客户端的安装，首先需要将"FusionInsight_V100R002C60_Flume_Client.tar"（该文件在 FusionInsight Manager 中下载）文件上传到要安装 Flume 服务客户端的节点目录上，然后解压软件包，进入安装包所在目录，例如"/opt"，执行如下命令解压安装包到本地目录。

```
#cd /opt
#tar -xvf FusionInsight_V100R002C60_Flume_Client.tar
#tar -xvf FusionInsight_V100R002C60_Flume_ClientConfig.tar
```

然后，执行如下的命令完成客户端安装。

```
#./install.sh -d /opt/FlumeClient -f ip -c flume/conf/client.properties.properties -l /var/log/Bigdata
```

其中，"install.sh"为安装执行脚本，"/opt/FlumeClient"为 Flume 客户端安装路径，"ip"为任意一个 Monitor Server 的"业务 IP"地址，"flume/conf/client.properties.properties"为配置文件的读取路径，该配置文件由《FusionInsight V100R002C60SPC200 Flume 配置规划工具 01》生成，主要存储客户端 Source、Sink、Channel 的配置信息，"/var/log/Bigdata"为日志路径。执行完该命令，客户端就安装完成了，有关客户端操作的一些其他命令，详见表 8-7。

表 8-7　Flume Client 的常用维护命令

命令	说明
install.sh	1. 获取 flume 客户端安装包 2. 参考产品文档解压并配置 flume 客户端配置文件参数 3. 进入 flume 客户端解压后 FusionInsight_V100R002CXXX_Flume_ClientConfig/Flume 目录 命令样例：./install.sh -d /opt/huawei/flume-client -f 192.168.45.121 -e 192.168.45.121 -n client -l /tmp/log -c /opt/flume/conf/client.properties.properties
genPwFile.sh	1. 安装 flume 服务 2. 执行用户下配置 JAVA_HOME 命令样例：./genPwFile.sh 　　Please input key password:输入需要加密的密码 　　Please Confirm password:再次确认输入需要加密的密码

(续表)

命令	说明
geneJKS.sh	1. 安装 flume 服务 2. 执行用户下配置 JAVA_HOME 命令样例：./geneJKS.sh -f sNetty12@ -g cNetty12@ -m sKitty12@ -n cKitty12@ 参数说明：-f 服务端 flume 证书密码 　　　　　-g 客户端 flume 证书密码 　　　　　-m 服务端 monitorServer 证书密码 　　　　　-n 客户端 monitorServer 证书密码
flume-manage.sh	安装 flume 客户端 命令样例：sh flume-manage.sh start force 参数说明： 参数一：动作——启动（start）/停止（stop）/重启（restart） 参数二：强制启动/停止标识，启动和停止的时候可以加此参数

8.2.3 Flume 与 Kafka 结合进行日志处理

Flume 的主要功能是从数据源收集数据并将数据传送到目标位置。为了保证输送成功，在送到目的地之前，Flume 会先缓存数据，待数据真正到达目的地后，再删除自己缓存的数据。Flume 采用流式方式采集和传送数据，程序配置好后，不需要外部条件触发，其一直监控数据源，从而源源不断地采集、传送数据到目的地。其主要应用于以下几种场景。

- 对分布式节点上大量数据进行实时采集、汇总和转移。
- 将集群内、外的本地文件、实时数据流采集到 FusionInsight 集群内的 HDFS、HBase、Kafka、Solr 中。
- 将 Avro、Syslog、http、Thrift、JMS、Log4j 协议发送过来的数据采集到 FusionInsight 集群内。

使用 Flume 进行开发的核心是根据采集数据场景，开发 Flume 的配置文件（客户端和服务端都需要该配置文件）。开发流程为：确定数据流向，下载《Flume 配置文件生成工具》，填写配置参数，上传配置文件调试。

其中，《Flume 配置文件生成工具》当前版本为《FusionInsight V100R002C60SPC200 Flume 配置规划工具 01》。

另外，如果待采集的数据源在 FusionInsight 集群外，就需要安装客户端与集群内的 Flume 服务端通信，此时需要配置客户端配置文件和服务端配置文件，Flume 客户端将集群外的数据采集后发给集群内的 Flume Server，Flume Server 将数据写入到集群内的目的地。如果待采集的数据源在集群内，就可以不用安装客户端，只安装服务端，此时需要配置服务端配置文件。

接下来讲解将数据文件采集到 Kafka 的一个应用场景。

1. 场景描述

将集群外某一个节点指定目录下的数据文件采集到 Kafka 中，集群已安装完毕，其他信息如下。

数据源：节点 IP：192.168.1.20，采集路径：/tmp/flume_test。

服务端 Flume 部署节点 IP：192.168.3.41 和 192.168.3.42。

2. 方案设计

首先根据数据源中来自集群外和最终数据流向集群内的 Kafka 的要求，设计级联方式，使用 Flume 客户端采集数据，使用 Flume 服务端接受数据，并将数据存储在 Kafka 中，数据流向如图 8-3 所示。

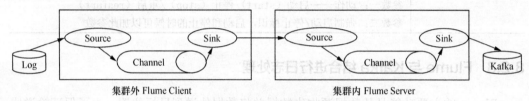

图 8-3 Flume 数据流

根据采集数据源的文件类型以及数据流向，分别确定客户端和服务器端的 Source、Channel 以及 Sink 类型，见表 8-8。

表 8-8　　　　　　　　　　　　Flume 客户端及服务器端配置

角色	Source	Channel	Sink
客户端	spool	file	avro
服务器	avro	file	Kafka

其中，客户端 Sink 配置为 Avro，主要在级联 Flume 服务端时使用。服务器端的 Sink 配置为 Kafka。

3. 方案实施

客户端的安装已经在 8.2.2 小节简单介绍过了，这里不再赘述。

客户端的详细配置见表 8-9、表 8-10 及表 8-11。

表 8-9　　　　　　　　　　　　客户端 Source 配置

说明	配置项	配置内容
Source 名称	SourceName	client_source
Source 类型	Type	spooldir
待采集文件所在的目录	spoolDir	/tmp/flume_test
文件信息元数据的保存目录	trackerDir	/tmp/flume_tracker
接收数据的 Channel	Channels	client_channel

表 8-10　客户端 Channel 配置

说明	配置项	配置内容
Chanel 名称	ChanelName	client_channel
Chanel 类型	type	file
缓冲区数据保存目录	dataDirs	/tmp/file-channel/data
检查点保存目录	checkpointDir	/tmp/file-channel/checkpoint

表 8-11　客户端 Sink 配置

说明	配置项	配置内容
Sink 名称	SinkName	client_sink
Sink 类型	type	avro
接收数据的 Flume Server 主机名或 IP	hostname	192.168.1.20
接收数据的 Flume Server 端口号	port	21154

点击"生成配置文件"按钮，将工具当前目录下的 properties.properties 配置文件上传到客户端安装目录下，如/fusioninsight-flume-1.6.0/conf/中。

服务器端的详细配置见表 8-12、表 8-13 及表 8-14。

表 8-12　服务端 Source 配置

说明	配置项	配置内容
Source 名称	SourceName	server_source
Source 类型	type	avro
绑定的 IP 地址	bind	192.168.1.20
监听的端口	port	21154
接收数据的 Channel	channels	server_channel

表 8-13　服务端 Channel 配置

说明	配置项	配置内容
Channel 名称	ChannelName	server_channel
Channel 类型	type	file
缓冲区数据保存目录	DataDirs	/tmp/server_file-channel/data
检查点保存目录	CheckpointDir	/tmp/server_file-channel/checkpoint

表 8-14　服务端 Sink 配置

说明	配置项	配置内容
Sink 名称	SinkName	server_sink
Sink 类型	type	kafka
Kafkatopic 名称	kafka.topic	flume_test
接收数据的 Channel	channel	server_channel

点击"生成配置文件"按钮，将工具所在路径下的 properties.properties 配置文件通过 FusionInsight HD 管理界面上传到服务器节点的 Flume 实例上，具体路径为

FusionInsight Manager→服务管理→Flume→Flume 节点→实例配置→导入实例配置，如图 8-4 所示。

图 8-4　Flume 服务器节点导入配置

配置完成后，在节点 192.168.1.20 的/tmp/flume_test 下放置一个待采集文件，然后在 Flume 服务端（FusionInsightManager）观察监控指标数据变化，server_sink 数据量在不断变化，表明写入数据成功。

8.3　本章总结

Flume 是开源日志系统，是一个分布式、可靠和高可用的海量日志聚合的系统，支持在系统中定制各类数据发送方，用于收集数据。同时，Flume 可对数据进行简单处理，并将其写到各种数据接受方（可定制）。Flume 具有压缩加密、支持复杂流、传输可靠、数据过滤等特性。

Flume 可以使用单 Agent 架构，也可以使用多 Agent 架构将多个 Flume 节点进行级联。Agent 有 Soure、Channel、Sink 3 个核心组件，提供了丰富的接口类型供用户应对不同场景。用户也可以对 Source、Channel、Sink 进行自定义开发。

第 8 章最后介绍了 Flume 的常用参数配置以及常用维护命令,并通过 Flume 和 Kafka 结合的使用案例演示了 Flume 的实际应用过程。

练习题

一、选择题

1. Flume 用于采集静态数据文件的 Source 是（　　）
   A. Spooling directory soure　　B. Avro source Thrift
   C. Taildir source　　D. Kafka source

2. Flume 用于采集实时数据文件的 Source 是（　　）
   A. Spooling directory soure　　B. Avro source Thrift
   C. Tail dir source　　D. Kafka source

3. Flume 的 Agent 中数据的传输顺序是（　　）
   A. Sink-Channel-Source　　B. Source-Sink-Channel
   C. Source-Channel-Sink　　D. Sink-Source-Channel

二、简答题

1. Flume 是什么，可以用来干什么？
2. Flume 有哪些关键特性？
3. Source/Channel/Sink 分别有什么作用？

第9章
大数据实时计算框架（Spark）

9.1　Spark概述

9.2　Spark技术架构

9.3　FusionInsight HD中Spark应用实践

9.4　Spark Streaming

9.5　Spark SQL

9.6　Spark MLlib

9.7　Spark GraphX

9.8　本章总结

练习题

Spark 在 2009 年诞生于 UC Berkeley AMP Lab（加州大学伯克利分校的 AMP 实验室），它是一个用于快速处理大规模数据的通用引擎。Spark 最初是基于 Hadoop MapReduce 开发的，开发人员引入了内存计算和高容错机制，使 Spark 获得了更优越的性能。作为 MapReduce 的继承者，Spark 主要有以下三个优点：首先，Spark 运行的速度更快，支持交互式使用并支持复杂算法；其次，Spark 丰富的 API 使其自身具有更强的易用性；最后，Spark 是一个通用引擎，不仅支持传统的批处理应用，也支持交互式 SQL 查询、流式计算、机器学习、图计算等。现在 Spark 已经成为 Apache 基金会下的顶级开源项目之一。

第 9 章首先介绍了 Spark 的基本概念与应用；其次分析了 Spark 的技术原理及 Spark 的规划部署；再次演示了 FusionInsight HD 中 Spark 的应用实践，最后介绍了 Spark 的重要组件 Spark Streaming、Spark SQL、Spark MLlib 和 Spark GraphX。

- 了解 Spark 计算框架的概念。
- 了解 Spark 计算框架的原理。
- 在 FusionInsight HD 使用 Spark 进行大数据计算。
- 了解 Spark 生态系统中的重要组件。

9.1 Spark 概述

9.1 节将首先介绍 Spark 的概述及发展历程，然后介绍 Scala 语言、Spark 生态系统 BDAS，最后将 Spark 与使用 MapReduce 的 Hadoop 做对比。

9.1.1　Spark 的概述与应用

1. Spark 是什么

Spark 在 2009 年诞生于 UC Berkeley AMP Lab（加州大学伯克利分校的 AMP 实验室），是使用内存计算的开源大数据并行计算框架，可以应对复杂的大数据处理场景。2013 年，Spark 成为 Apache 基金会旗下的项目。

Spark 内核是由 Scala 语言开发的，同时也提供了 Java、Python 和 R 语言等开发编程接口。

2. Spark 的特点

- 快速

Spark 使用支持非循环数据流和内存计算的 DAG（Directed Acyclic Graph，有向无环图）执行引擎，在迭代次数较高的情况下，其基于内存的计算速度比 Hadoop MapReduce 快上 100 倍，其基于磁盘的计算速度要快 10 倍。

- 易用

Spark 支持 Java、Scala、Python 和 R 语言，提供超过 80 个高级操作符，开发人员可以轻松构建并行应用程序。

- 通用性强

Spark 提供了强大的技术栈，包括 SQL 查询、机器学习、图形计算和流式计算。用户可以在同个应用中无缝整合这些组件来应对复杂的运算。

- 适应多种平台

Spark 可以在独立的集群模式中运行，或者在 Amazon EC2（Elastic Compute Cloud，亚马逊弹性计算云）等云环境中运行，也可以在 Hadoop YARN 和 Apache Mesos（Apache 下的开源分布式资源管理框架）上运行。

3. Spark 的发展历程

2009 年，关于 Spark 的研究论文在学术会议上发表，同年 Spark 项目诞生，Spark 是属于加州大学伯克利分校 RAD 实验室（AMP 实验室的前身）的一个研究项目。Spark 是基于 Hadoop MapReduce 的，但后来发现 MapReduce 在迭代式计算和交互性上是低效的。因此开发人员对 Spark 进行了改进，引入了内存存储和高容错机制。

2010 年 3 月份，Spark 正式开源。

2011 年，AMP 实验室开始在 Spark 上面开发高级组件，像 Shark（Hive on Spark）、Spark Streaming。

2013 年转移到了 Apache 下，现在已成为顶级项目。

2014 年 5 月份，Spark1.0.0 发布。

2016 年 7 月份，Spark2.0.0 发布。

2017 年 5 月份，Spark2.1.1 发布。

4. Spark 的应用场景

Spark 有丰富的组件，可以适用于多种复杂的应用场景，如 SQL 查询、机器学习、图形计算和流式计算等。同时 Spark 可以与 Hadoop 很好地集成在一起，目前已经有部分主流大数据厂商在发行的 Hadoop 版本中包含了 Spark，如 Cloudera、Hortonworks、MapR 和华为等企业。

Spark 目前在企业，尤其是互联网企业中得到了广泛应用。百度、阿里巴巴、腾讯、网易、优酷土豆等公司都在其大数据平台中使用了 Spark 技术，主要将其用于音乐推荐、视频推荐、实时数据分析、文本分析、广告精准推送等应用。

9.1.2 Scala 语言介绍

Spark 内核基于 Scala 语言开发，Scala 是一门多范式编程语言，志在以简练、优雅及类型安全的方式来表达常用编程模式。它平滑地集成了面向对象和函数式语言的特性。

Scala 是面向对象的编程语言，每个值都是一个对象，对象的类型和行为由类定义，不同的类可以通过混入（mixin）的方式组合在一起。mixin 有利于类的重用，提高开发效率。

Scala 也是一门函数式编程语言，每个函数都是一个值，可以支持嵌套函数定义和高阶函数。Scala 也支持一种通用形式的模式匹配，模式匹配用来操作代数式类型，在很多函数式语言中都有实现。

Scala 可以与主流面向对象编程语言 Java 实现无缝互操作。Scala 有像 Java 一样的编译模型，允许访问成千上万的高质量类库。

9.1.3 Spark 生态系统组件

Spark 强大的大数据处理能力依赖于其丰富的组件以及与其他产品的兼容性。加州大学伯克利分校的 AMP 实验室打造了以 Spark 技术为核心的伯克利数据分析栈 BDAS（Berkeley Data Analytics Stack）。如图 9-1 所示，BDAS 生态系统一共分为五层，分别是资源管理层、存储层、处理引擎、访问与接口层、应用程序层。

在资源管理层，BDAS 中采用 Apache Mesos 和 Hadoop YARN。Apache Mesos 是 AMP 实验室开发的开源资源管理系统。

在存储层，BDAS 中采用主流的分布式文件系统 HDFS、Amazon S3 以及 Ceph。同时，AMP 实验室自主开发了分布式内存系统 Alluxio（以前称为 Tachyon）以及可对压缩数据进行高效检索的 Succinct。

BDAS 的处理引擎层为 Spark Core。Spark Core 实现了 Spark 的基本功能，如存储管理、任务调度、内存计算、故障恢复等。Spark Core 提供了丰富的算子对 Spark 的分布式弹性数据集 RDD 进行创建和操作。

BDAS 访问与接口层有丰富的数据处理组件：Spark Streaming 用于对流式数据进行实时处理；Spark SQL 用于结构化数据的处理，支持 SQL 查询；SparkR 支持在 Spark 上运行 R 语言；GraphX 是 Spark 的分布式图形处理框架，可进行复杂的图形计算；Splash 是基于 Spark 的并行随机学习算法开发框架；MLlib 是在 Spark 中的一个分布式机器学习框架，提供了多种机器学习算法。

BDAS 应用程序层为建构于 Spark 系统之上的应用，Spark 可用于机器学习、交互式分析、迭代计算。图 9-1 中列举了三个应用，分别为癌症基因组分析、能量调试和智能建筑。

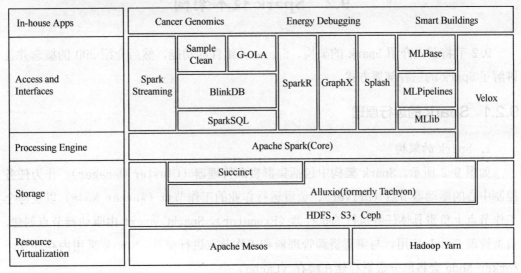

图 9-1　Spark 生态系统-BDAS

9.1.4　Spark 与 Hadoop 的对比

目前 Hadoop 已经是行业内应用最广泛的大数据技术，但其本身使用的 MapReduce 计算框架主要适用于离线数据的批量处理，难以满足更复杂的数据处理需要。Spark 最初基于 Hadoop MapReduce 进行开发，在继承 MapReduce 优点的同时，引入了内存计算等技术，Spark 与 Hadoop 在计算模型、磁盘开销、任务调度、容错能力上都有较大不同，二者的对比见表 9-1。

表 9-1　　　　　　　　　　　　　Spark 与 Hadoop 的对比

对比项	Hadoop	Spark
计算模型	所有计算必须分解成 Map 和 Reduce 两个操作，但对于一些复杂的场景不适用	除了 Map、Reduce 操作，还提供了多种数据集操作类型，能应对更多的数据处理场景

(续表)

对比项	Hadoop	Spark
磁盘开销	采取环形缓冲区溢写磁盘的方式，Map操作计算出的中间结果会写入磁盘，再由 Reduce 从磁盘读取然后进行计算，磁盘读写频繁，磁盘 IO 开销大	采取归并排序写磁盘的方式，中间结果直接放入内存中（当内存溢出时，会使用磁盘空间），减少了磁盘开销，提高了任务执行效率
任务调度	使用迭代执行机制	使用 DAG 做任务调度，可以并行计算，优于 MapReduce 的迭代执行机制
容错能力	依赖于 HDFS 和 MapReduce 的容错机制	弹性分布数据集 RDD 之间存在依赖关系，子 RDD 依赖于父 RDD，子 RDD 的数据丢失了，可以通过父 RDD 找回

9.2 Spark 技术架构

9.2 节将首先介绍 Spark 的架构、Spark 各组件的功能，然后介绍 RDD 的概念并且讲解了 Spark 的三种部署方式。

9.2.1 Spark 的运行原理

1. Spark 的架构

如图 9-2 所示，Spark 架构中包括集群资源管理器（Cluster Manager）、作为任务控制中心的驱动器节点（Driver）、负责运行作业的工作节点（Worker Node）以及每个工作节点上负责具体任务执行的执行器（Executor）。SparkContext 由驱动器节点创建，负责管理 Spark 应用，与集群资源管理器和工作节点进行交互。Spark 采用内存计算，Worker Node 会将部分数据存储在缓存（Cache）中。

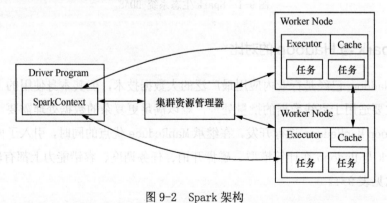

图 9-2 Spark 架构

Spark 的集群资源管理器（Cluster Manager）可以是自带的独立集群资源管理器，也可以是 Hadoop YARN 或者 Apache Mesos。集群资源管理器接受驱动器节点的资源申请，将工作节点的资源分配给 Spark 应用。

驱动器节点（Driver）有两个功能，一方面把用户程序转换为任务（Task），另外一方面为工作节点分配任务。

Executor 是工作节点上的一个进程。当一个 Spark 应用启动时，驱动器节点向集群资源管理器申请资源，在集群资源管理器分配的工作节点上开启 Executor 进程（如果集群中以 YARN 作为集群资源管理器，则由 ApplicationMaster 作为驱动器节点）。Executor 进程主要有两个功能，一个是执行驱动器节点分配的任务，另一个是通过本身的块管理器（Block Manager）为应用提供内存式存储。

每个 Spark 应用都有自己的 Executor 进程，这些进程在整个应用程序的运行周期内保持不变，并在多个线程中运行任务，这有利于应用程序的彼此隔离，防止资源冲突。

2. Spark 应用运行流程

在 Spark 应用的运行过程中，一个应用会被分解成若干个并行计算，这些并行计算被称为工作（Job）；一个工作包含若干个阶段（Stage），一个阶段由多个相互依赖的任务（Task）组成。Spark 应用运行的基本流程如下。

（1）当客户端向 Spark 提交应用时，驱动器节点（Driver）创建一个 SparkContext 实例负责和集群资源管理器的通信，并申请运行 Executor 的资源、对工作节点进行任务分配及监控。

（2）集群资源管理器分配资源并在工作节点上启动 Executor 进程，工作节点会向集群资源管理器发送心跳信息确认 Executor 进程运行情况。

（3）如图 9-3 所示，SparkContext 根据 RDD 的依赖关系构建 DAG 图，并将 DAG 图发送给 DAG 调度器（DAGScheduler）进行解析，DAG 调度器将 DAG 图划分为若干个阶段，每个阶段有若干个任务，组成一个任务集（TaskSet）。之后 DAG 调度器以任务集为单位把任务交给任务调度器（TaskScheduler），一个任务调度器只为一个 SparkContext 实例服务。TaskScheduler 收到任务后，负责把任务分发到集群中 Worker 的 Executor 中去运行，如果某个 Task 运行失败，TaskScheduler 会进行重试；另外如果 TaskScheduler 发现某个 Task 一直未运行完，就可能启动同样的任务运行同一个 Task，哪个任务先运行完就用哪个任务的结果。

（4）Executor 进程任务运行完之后会将结果反馈给任务调度器，任务调度器再反馈给 DAG 调度器，最后将数据写入到 RDD 中并释放资源。

9.2.2　RDD 概念与原理

1. RDD 概念

RDD（Resilient Distributed Datasets）是一个只读的、可分区的弹性分布式数据集。这个数据集的全部或部分内容可以缓存在内存中，在多次计算之间重用。在 Spark 中，所有组件的计算操作都是对 RDD 的操作（包括创建、转化和调用 RDD 求值），所以

Spark 可以将 Spark Core、Spark SQL、Spark Streaming、MLlib 和 GraphX 等组件无缝集成到一起进行复杂的计算任务。

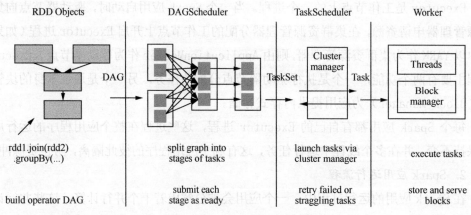

图 9-3 Spark 应用运行流程

每个 RDD 被分为多个分区，存储在集群中的不同节点上，便于在不同节点进行并行计算。RDD 提供了一个高度受限的内存共享模型，不能对其进行修改。创建 RDD 有两种方法：提取物理存储中的数据集或者基于原有 RDD 做 Transformation 操作。通过转换得来的 RDD 与原有 RDD 存在依赖关系。如果有 RDD 数据丢失或不可用，可以根据原数据重新生成 RDD 或者根据原 RDD 快速重新生成，因此 Spark 具备强大的数据容错能力。

相比于 MapReduce，用户可以控制 RDD 的存储级别（内存、磁盘等），以便重用。RDD 默认存储于内存，但当内存不足时，则会将 RDD 保存到磁盘中。RDD 根据 useDisk、useMemory、useOffHeap、deserialized、replication 五个参数的不同设置可分为 11 种存储级别，可通过 persist 方法直接设置。以上五个参数作用如下：useDisk 参数决定是否存储到磁盘，useMemory 参数决定是否存储到内存，useOffHeap 参数决定是否存储到 Alluxio，deserialized 参数决定是否以反序列 Java 对象的形式存储，replication 参数决定是否创建 RDD 的副本。各存储级别区别见表 9-2。

表 9-2　　　　　　　　　　　　　　　　RDD 存储级别

存储级别	描述
MEMORY_ONLY	将 RDD 以反序列化 JAVA 对象的形式存储在内存中，如果内存不够，RDD 的一些分区不会被存储到缓存中，当需要使用这些分区再进行重新计算，这是默认的存储级别
MEMORY_AND_DISK	将 RDD 以反序列化 JAVA 对象的形式存储在内存中，如果内存不够，RDD 的部分分区会被存储在磁盘上
MEMORY_ONLY_SER	将 RDD 以序列化 JAVA 对象的形式存储（每个分区一个字节数组）在内存中，如果内存不够，RDD 的一些分区不会被存储到缓存中，当需要使用这些分区再进行重新计算。相比于反序列化的方式，这种方式更节省空间，但 CPU 的读取操作更频繁

（续表）

存储级别	描述
MEMORY_AND_DISK_SER	将 RDD 以序列化 JAVA 对象的形式存储在内存中，如果内存不够，RDD 的部分分区会被存储在磁盘上
DISK_ONLY	将 RDD 只存储在磁盘上
MEMORY_ONLY_2	与 MEMORY_ONLY 相同，但存储 2 份 RDD 分区在不同集群节点上
MEMORY_AND_DISK_2	与 MEMORY_AND_DISK 相同，但存储 2 份 RDD 分区在不同集群节点上
MEMORY_ONLY_SER_2	与 MEMORY_ONLY_SER 相同，但存储 2 份 RDD 分区在不同集群节点上
MEMORY_AND_DISK_SER_2	与 MEMORY_AND_DISK_SER 相同，但存储 2 份 RDD 分区在不同集群节点上
DISK_ONLY_2	与 DISK_ONLY 相同，但存储 RDD 分区在两个集群节点上
OFF_HEAP（experimental）	将 RDD 以序列化的方式存储在 Alluxio（以前称为 Tachyon）。与 MEMORY_ONLY_SER 相比，OFF_HEAP 允许 Executor 共享一个内存池。RDD 存储在 Alluxio 上，Executor 的崩溃不会造成缓存的丢失。OFF_HEAP 的存储方式适用于拥有较大内存和高并发的环境

RDD 支持两种类型的操作：转换操作（Transformation）和行动操作（Action）。其中 Transformation 操作包括 map、filter、groupby、join 等，接受 RDD 作为输入且输出结果也为 RDD，用于指定不同 RDD 之间的依赖关系；Action 操作包括 count、collect、save 等，接受 RDD 作为输入，输出为一个值或结果，用于执行计算并指定输出的形式。

RDD 提供的转换算子，诸如 map、filter、groupby、join 等属于粗粒度的数据 Transformation 操作，不适用于对某一数据项做修改的细粒度操作，因此 RDD 并不适用于异步细粒度状态更新的应用，如 web 应用。

Spark 中的 Transformation 操作采用类似 scala lazy 操作的方式，在执行 Transformation 操作时仅记录操作应用的基础数据集和 RDD 之间的转换逻辑而不触发计算。记录下的这些转换逻辑最终会形成 DAG（Directed Acyclic Graph）。只有当执行 Action 操作时，Spark 才会开始真正的计算。这样的机制避免了大量中间结果对内存的消耗。

2. 宽依赖，窄依赖

通过 Transformation 操作之后，新创建的 RDD 和原来的 RDD 之间存在依赖关系，原来的 RDD 称为父 RDD，新生成的 RDD 称为子 RDD。

RDD 中的依赖关系分为两种，如图 9-4 所示。一种是窄依赖（Narrow Dependencies），另一种是宽依赖（WideDependencies）。

当一个父 RDD 的每一个分区最多被一个子 RDD 的分区所用时，这种依赖关系被称为窄依赖关系。

当一个父 RDD 的每个分区被多个子 RDD 的分区所引用时，这种依赖关系被称为宽依赖关系，我们将宽依赖作为 Stage 的划分依据。

如图 9-4 所示，窄依赖的常见算子有 map、filter 和 union 等，而宽依赖的常见算子有 groupByKey 等。Join 算子则分为协同划分和非协同划分两种。协同划分形成窄依赖关系；非协同划分形成宽依赖关系。

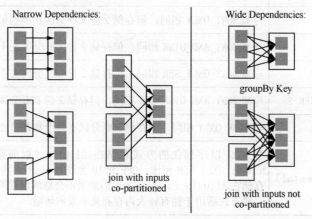

图 9-4　RDD 依赖关系

3. 阶段（Stage）划分

在前文中提到 Spark 会将一个工作划分为若干个阶段（Stage）。阶段划分的依据是各个 RDD 的依赖关系。Spark 根据 RDD 的依赖关系生成 DAG，在对 DAG 进行反向解析时，遇到宽依赖就断开，开始新的阶段（Stage），遇到窄依赖就把当前 RDD 加入到当前阶段中。

如图 9-5 所示，Spark 从 HDFS 中读取数据生成两个 RDD，分别为 RDD-A、RDD-C，通过一系列的 Transformation 操作和 Action 操作得出结果重新写入 HDFS 中。通过对 DAG 的反向解析，发现从 RDD-A 到 RDD-B 以及从 RDD-B 和 RDD-F 到 RDD-G 都属于宽依赖，因此阶段的划分从这两处地方断开，分为 3 个阶段。

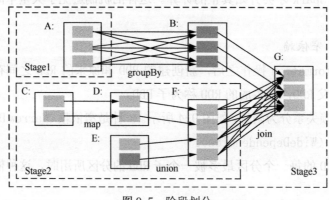

图 9-5　阶段划分

9.2.3 Spark 的三种部署方式

（1）Standalone 模式

在该模式下，Spark 自带了完整的资源调度管理服务，可以独立部署到集群中，且不需要依赖其他系统来为其提供资源管理调度服务。集群管理器由一个主节点（Master）和若干个工作节点（Worker）构成，当提交应用时，可以配置执行器进程使用的内存以及 CPU 核数。

（2）Spark on Mesos 模式

Apache Mesos 是一个通用的集群管理器，既可以管理运行分析型工作负载又可以管理运行一些服务的守护进程，如网页服务。目前 Spark 官方推荐采用该模式，原因是 Mesos 与 Spark 存在一定血缘关系，Spark 运行在 Mesos 上比运行在 YARN 上更加灵活自然。

（3）Spark on YARN 模式

YARN 是在 Hadoop 2.0 引入的集群管理器，它可以实现多种数据处理框架运行在一个共享的资源池上，且通常安装在与 HDFS 主节点相同的物理节点上。YARN 集群上运行 Spark 的意义非凡，它可以让 Spark 在存储数据的节点上运行，以快速访问 HDFS 中的数据。Spark on YARN 的架构，如图 9-6 所示，资源管理和调度依赖于 YARN，分布式存储依赖于 HDFS。

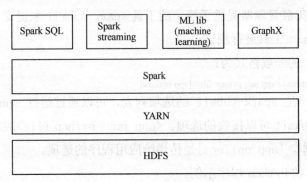

图 9-6　Spark on YARN 架构

Spark 在企业环境中的部署原则

根据以上的介绍，我们了解到 Spark 支持多种集群方式，如何选择适合的部署方式将 Spark 部署到实际的企业应用环境中，接下来我们推荐一些准则。

（1）如果是从零开始构建 Spark 集群环境，可以选择 Standalone 的部署模式，因为这种模式安装部署过程最为简单，而且 Standalone 部署模式可以像其他集群部署模式一样，可以支持 Spark 的全部功能。

（2）如果企业在使用 Spark 的同时需要使用其他应用，或者需要使用到更加丰富的资源调度功能（如队列管理），那么 YARN 和 Mesos 则更能够满足需求。而在这两者之中，对于大多数 Hadoop 环境，YARN 一般都已经预装好了。所以，在许多企业实际应用中，Hadoop 和 Spark 的统一部署是一种比较合理的选择，如图 9-7 所示，并且该部署模式可以带来以下好处：1. 计算资源按需伸缩；2. 共享底层存储，避免数据跨集群迁移；3. 多应用统一管理，集群利用率高。

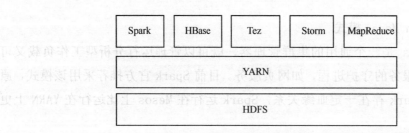

图 9-7　Hadoop 和 Spark 的统一部署

（3）Mesos 相对于 YARN 和 Standalone 模式更加灵活。其独有的细粒度共享选项可以将类似 Spark Shell 交互式应用中不同的命令分配到不同的 CPU 上运行，这对于多用户同时运行交互式 Shell 任务更加有利。

9.2.4　使用开发工具测试 Spark

Spark 为各种集群管理器提供了统一的工具 spark-submit 来提交作业。9.2.4 节主要通过 spark-submit 工具进行测试。

Spark-submit 的一般格式为：

```
bin/spark-submit [options] <app jar | python file> [app options]
```

其中[options]是 spark-submit 的选项列表，可以通过运行 spark-submit-help 列出所有 spark-submit 可以接收的选项。<app jar | python file>表示包含应用的 JAR 包或者 Python 脚本。[app options]是传递给应用程序的选项。

运行一个简单的 Python 程序示例。

```
# bin/spark-submit my_firsit_submit.py
```

如上面示例，如果在调用 spark-submit 时除了脚本或 JAR 包的名字之外没有添加任何参数，那么这个 Spark 程序只会在本地执行。如果需要提交程序到 SparkStandalone 集群上时，需要将集群的地址和希望启动的执行器进程（Executor）的大小作为附加参数提供，如下所示。

```
#./spark-submit --master spark://host:port - executor -memroy 1G my_first_submit.py
```

其中，--master 选项标记指定要连接的集群；spark://表示集群使用独立模式，见表 9-3。

表 9-3　　　　　　　　Spark-submit --master 可以接收的值

值	描述
spark://host:prot	连接到指定端口的 Spark 独立集群上。默认情况下 Spark 独立主节点使用 7077 端口
Mesos://host:port	连接到指定端口的 Mesos 集群上。默认情况下 Mesos 主节点监听 5050 端口
YARN	连接到 YARN 集群上。需要设置环境变量 HADOOP_CONF_DIR 指向 Hadoop 配置目录，以获取集群信息
local	运行本地模式，使用单个核心；local[N]表示使用 N 个核心；local[*]表示使用尽可能多的核心

运行一个 Spark 自带实例 SparkPi：

#bin/spark-submit --class *org.apache.spark.examples.SparkPi* --master *spark://localhost:7077 examples/jars/spark-examples_2.11-2.1.0.jar* 20 2>/dev/null
Pi is roughly 3.1417415708707854

其中，--master MASTER_URL 是集群的路径；--class CLASSNAME 是应用程序包要运行的 class，即 org. apache. spark. examples. SparkPi。运行后的出 Pi 的值为 3.1417415708707854。

9.3　FusionInsight HD 中 Spark 应用实践

9.3.1　运行 Spark Shell

Spark Shell 提供了一个简单的方式来学习 Spark API，并且能够以实时、交互的方式来分析数据。在 Spark Shell 进行交互式编程时，可以采用 Scala 和 Python 两种语言。由于 Spark 是由 Scala 语言编写的，了解 Scala 有助于学习掌握 Spark，所以本教材选择 Scala 进行编程讲解。

执行命令启动 Spark Shell，可以使用--master 参数来设置 SparkContext 要连接的集群，例如：

##spark-shell - master *spark://host:port*

集群格式见表 9-4，如果不加参数会以默认 local 方式（在本地启动线程）启动。启动成功后，在输出信息的末尾可以查看到"scala>"命令提示符。

表 9-4　　　　　　　　Spark Shell 中 --master 可以接收的值

值	描述
spark://host:prot	连接到指定端口的 Spark 独立集群上。默认情况下 Spark 独立主节点使用 7077 端口
Mesos://host:port	连接到指定端口的 Mesos 集群上。默认情况下 Mesos 主节点监听 5050 端口
YARN	连接到 YARN 集群上。需要设置环境变量 HADOOP_CONF_DIR 指向 Hadoop 配置目录，以获取集群信息
local	运行本地模式，使用单个核心；local[N]表示使用 N 个核心；local[*]表示使用尽可能多的核心

```
#spark-shell
……
scala>
```

执行./bin/spark-shell -help 可以查看 Spark-shell 的相关帮助信息。

9.3.2 进行 Spark RDD 操作

Spark 的主要操作对象是 RDD。RDD 可以通过多种方式创建，包括通过外部数据源创建（如本地文件或 HDFS 文件）、从其他 RDD 转化创建。

Spark 程序必须创建一个 SparkContext 对象，此对象是 Spark 程序入口，主要用于创建 RDD、启动任务等。下面使用 Spark Shell 创建 RDD，数据源为 Spark 安装目录中的"REDME.md"文件，具体代码如下，读取本地文件 REDME.MD 创建 RDD。

```
scala>val textFile = sc.textFile("file:///usr/local/spark-2.1.0-bin-hadoop2.7/REDME.md")
```

如前文提及，Spark RDD 支持两种类型操作。

1. 行动（Action）

在数据集上进行运算，返回计算结果。例如使用 count()行动 API 统计文本文件的行数，命令如下。

```
scala> textFile.count()
res1: Long = 104 //统计输出结果为 104 行
```

2. 转换（Transformation）

基于现有的数据集创建一个新的数据集。RDD 的 Transformation 操作都是惰性的，在 Action 操作调用之前 Spark 不会开始计算。下面实例使用 filter()转换 API 筛选出包含特定字符串的行，并使用 count()行动 API 调用执行计算，具体命令如下。

```
scala> val linesContainsSpark = textFile.filter(lines=>lines.contains("Spark"))
scala> linesContainsSpark.count()
res3: Long = 20 //统计输出结果为 20 行
```

上面的计算过程里，中间输出结果采用 linesContainsSpark 变量保存，然后再使用 count()计算出行数。Spark Shell 也支持在同一条代码中同时使用多个 API，即链式操作。借助于强大的链式操作 Spark 可以连续进行运算，一个操作的输出作为下一个操作的输入，这样可以使 Spark 代码更加简洁。如上面代码可以合并成如下代码。

```
scala> val linesContainsSpark = textFile.filter(lines=>lines.contains("Spark")).count()
linesContainsSpark: Long = 20 //统计输出结果为 20 行
```

除了上面两个列出的 API，Spark 还提供了丰富的 API。表 9-5 和表 9-6 分别列出了常用的行动 API 和转换 API。查看更多 API 可以参考 Spark 官方网站。

表 9-5   **Spark 常用行动 API**

行动 API	说明
collect()	RDD 以数组形式返回到 Driver 端
count()	返回数据集中元素的个数
first()	返回数据集中的第一个元素

(续表)

行动 API	说明
`take(n)`	以数组形式返回前 n 个元素
`reduce(func)`	通过函数 func（输入两个参数并返回一个值）聚合集合中的元素
`saveAsTextFile(path)`	Spark 把每条记录都转换为一行记录，然后写到 path 路径的文件中，该路径可以是本地文件系统，也可以是 HDFS
`foreach(func)`	对 dataset 中的每个元素都使用 func 进行循环

表 9-6　　　　　　　　　　　　Spark 常用转换 API

行动 API	说明
`map(func)`	对调用 map 的 RDD 数据集中的每个元素都使用 func，然后返回一个新的数据集
`filter(func)`	对调用 filter 的 RDD 数据集中的每个元素都使用 func，然后返回一个包含使 func 为 true 的元素构成的数据集
`flatMap(func)`	每个输入元素都可以映射到零或多个结果
`groupByKey(numTasks)`	返回(K, Seq[V])，也就是 Hadoop 中 Reduce 函数接受的 key-valuelist
`reduceByKey(func, [numTasks])`	用一个给定的 reduce func 再作用在 groupByKey 产生的 (K, Seq[V])，比如求和，求平均值
`sortByKey([ascending], [numTasks])`	按照 key 来进行排序,升序或者降序,ascending 是 boolean 类型
`union(otherDataset)`	返回一个新的数据集，包含源数据集和给定数据集的元素的集合

9.3.3　使用 Spark 客户端工具运行 Spark 程序

Spark 支持 Scala、Java、Python 等语言进行开发。对于 Java 开发环境，推荐使用 IDEA 工具，需要安装及配置的软件如下：JDK 使用 1.7 版本（或 1.8 版本）、IntelliJ IDEA（版本：13.1.6）。对于 Scala 开发环境，推荐使用 IDEA 工具，需要安装及配置的软件如下：JDK 使用 1.7 版本（或 1.8 版本）、IntelliJ IDEA（版本：13.1.6）、Scala（版本：2.10.4）、Scala 插件（版本：0.35.683）。

接下来介绍如何编写基本的 Spark 程序并在华为 FusionInsight HD 大数据平台运行程序实现数据分析。下面以第 4 章 4.2.3 小节所使用的的场景介绍如何编写 Spark 程序来具体实现任务要求。

假定用户有某个周末网民网购停留时间的日志文本，基于某些业务要求，要求开发 Spark 应用程序实现如下功能：

1. 统计日志文件中本周末网购停留总时间超过 2 个小时的女性网民信息。

2. 周末两天的日志文件第一列为姓名，第二列为性别，第三列为本次停留时间，单位为分钟，分隔符为逗号","。

数据源包括周六周日的网民停留日志，周六网民停留日志的文件为 log1.txt，对应内容如下：

```
LiuYang,female,20
YuanJing,male,10
GuoYijun,male,5
CaiXuyu,female,50
Liyuan,male,20
FangBo,female,50
LiuYang,female,20
YuanJing,male,10
GuoYijun,male,50
CaiXuyu,female,50
FangBo,female,60
```

周日网民停留日志为 log2.txt，对应内容如下：

```
LiuYang,female,20
YuanJing,male,10
CaiXuyu,female,50
FangBo,female,50
GuoYijun,male,5
CaiXuyu,female,50
Liyuan,male,20
CaiXuyu,female,50
FangBo,female,50
LiuYang,female,20
YuanJing,male,10
FangBo,female,50
GuoYijun,male,50
CaiXuyu,female,50
FangBo,female,60
```

首先，需要把日志文件 log1.txt 和 log2.txt 放置在 HDFS 系统的某一目录下，如"/tmp/input"。

具体的开发思路主要分为四个部分：读取原文件数据、筛选女性网民上网时间数据信息、汇总每个女性上网总时间、筛选出停留时间大于两个小时的女性网民信息。

使用 Java 实现上述需求的代码示例如下，具体代码参见：com.huawei.bigdata.spark.examples.FemaleInfoCollection 类。

```java
//创建一个配置类 SparkConf，然后创建一个 SparkContext.
SparkConf conf = new SparkConf().setAppName("CollectFemaleInfo");
JavaSparkContext jsc = new JavaSparkContext(conf);
//读取原文件数据，每一行记录转成 RDD 里面的一个元素。
JavaRDD<String> data = jsc.textFile(args[0]);
//将每条记录的每列切割出来，生成一个 Tuple。
JavaRDD<Tuple3<String,String,Integer>> person = data.map(new
Function<String,Tuple3<String,String,Integer>>()
{
    private static final long serialVersionUID = -2381522520231963249L;
    @Override
```

```java
public Tuple3<String, String, Integer> call(String s) throws Exception
{
//按逗号分割一行数据。
String[] tokens = s.split(",");
//将分割后的三个元素组成一个三元 Tuple。
Tuple3<String, String, Integer> person = new Tuple3<String, String,
Integer>(tokens[0], tokens[1], Integer.parseInt(tokens[2]));
return person;
}
});
//使用 filter 函数筛选出女性网民上网时间数据信息。
JavaRDD<Tuple3<String,String,Integer>> female = person.filter(new
Function<Tuple3<String,String,Integer>, Boolean>()
{
private static final long serialVersionUID = -4210609503909770492L;
@Override
public Boolean call(Tuple3<String, String, Integer> person) throws Exception
{
//根据第二列性别，筛选出是 female 的记录。
Boolean isFemale = person._2().equals("female");
return isFemale;
}
});
//汇总每个女性上网总时间。
JavaPairRDD<String, Integer> females = female.mapToPair(new PairFunction<Tuple3<String,
String, Integer>, String, Integer>()
{
private static final long serialVersionUID = 8313245377656164868L;
@Override
public Tuple2<String, Integer> call(Tuple3<String, String, Integer> female) throws
Exception
{
//取出姓名和停留时间两列，用于后面按名字求逗留时间的总和。
Tuple2<String, Integer> femaleAndTime = new Tuple2<String, Integer>(female._1(),
female._3());
return femaleAndTime;
}
})
JavaPairRDD<String, Integer> femaleTime = females.reduceByKey(new Function2<Integer,
Integer, Integer>()
{
private static final long serialVersionUID = -3271456048413349559L;
@Override
public Integer call(Integer integer, Integer integer2) throws Exception
{
//将同一个女性的两次停留时间相加，求和。
return (integer + integer2);
}
});
//筛选出停留时间大于两个小时的女性网民信息。
JavaPairRDD<String, Integer> rightFemales = females.filter(new Function<Tuple2<String,
Integer>, Boolean>()
{
private static final long serialVersionUID = -3178168214712105171L;
@Override
```

```
public Boolean call(Tuple2<String, Integer> s) throws Exception
{
//取出女性用户的总停留时间,并判断是否大于 2 小时。
if(s._2() > (2 * 60))
{
return true;
}
return false;
}
});
//对符合的 female 信息进行打印显示。
for(Tuple2<String, Integer> d: rightFemales.collect())
{
System.out.println(d._1() + "," + d._2());
}
```
使用 Scala 实现的代码片段如下,具体代码参见 com.huawei.bigdata.spark.examples.FemaleInfoCollection。
```
//配置 Spark 应用名称。
val conf = new SparkConf().setAppName("CollectFemaleInfo")
//提交 Spark 作业。
val sc = new SparkContext(conf)
//读取数据。其是传入参数 args(0)指定数据路径。
val text = sc.textFile(args(0))
//筛选女性网民上网时间数据信息。
val data = text.filter(_.contains("female"))
//汇总每个女性上网时间。
val femaleData:RDD[(String,Int)] = data.map{line =>
val t= line.split(',')
(t(0),t(2).toInt)
}.reduceByKey(_ + _)
//筛选出时间大于两个小时的女性网民信息,并输出。
val result = femaleData.filter(line => line._2 > 120)
result.foreach(println)
```

9.4 Spark Streaming

9.4.1 Spark Streaming 的设计思想

Spark Streaming 是 Spark 核心 API 的一个扩展,它对实时流式数据的处理具有可扩展性、高吞吐量、可容错性等特点。Spark Streaming 设计思想的本质是在 Spark RDD 的基础上加了时间的概念。Spark Streaming 使用离散化流(Discretized Stream)抽象地表示随时间推移而接收的数据流序列,称作 DStream,即在 Spark Steaming 中,每个时间区间收到的数据都作为 RDD 存在,这些 RDD 所组成的序列称为 DStream。DStream 可以从各种输入源创建,如 Kafka、HDFS 等,也可以通过由高阶函数 map、reduce、join、window 等组成的复杂算法计算出数据创建。Spark Streaming 接收实时的输入数据流,然后将这些数据切分为批数据供 Spark 引擎处理,Spark 引擎将数据生成最终的结果数据。最后，处理后的数据可以推送到文件系统、数据库、实时仪表盘等外部系统中，如图 9-8 所示。

图 9-8　Spark Streaming 数据流

9.4.2　Spark Streaming 的应用实例

下面以 9.3.3 小节的任务场景为例，使用 Spark Streaming 实时统计连续网购时间超过半个小时的女性网民信息，并将统计结果直接打印出来。使用 Java 实现的代码样例如下：

```java
// 参数解析：
// <batchTime>为 Streaming 分批的处理间隔。
// <windowTime>为统计数据的时间跨度，时间单位都是秒。
// <topics>为 Kafka 中订阅的主题，多以逗号分隔。
// <brokers>为获取元数据的 kafka 地址。
public class FemaleInfoCollectionPrint {
    public static void main(String[] args) throws Exception {
        String batchTime = args[0];
        final String windowTime = args[1];
        String topics = args[2];
        String brokers = args[3];
        Duration batchDuration = Durations.seconds(Integer.parseInt(batchTime));
        Duration windowDuration = Durations.seconds(Integer.parseInt(windowTime));
        SparkConf conf = new SparkConf().setAppName("DataSightStreamingExample");
        JavaStreamingContext jssc = new JavaStreamingContext(conf, batchDuration);
        // 设置 Streaming 的 CheckPoint 目录，由于窗口概念存在，该参数必须设置。
        jssc.checkpoint("checkpoint");
        // 组装 Kafka 的主题列表。
        HashSet<String> topicsSet = new HashSet<String>(Arrays.asList(topics.split(",")));
        HashMap<String, String> kafkaParams = new HashMap<String, String>();
        kafkaParams.put("metadata.broker.list", brokers);
        // 通过 brokers 和 topics 直接创建 kafka stream。
        //1.接收 Kafka 中数据，生成相应 DStream
        JavaDStream<String> lines = KafkaUtils.createDirectStream(jssc,String.class,String.class,
        StringDecoder.class, StringDecoder.class, kafkaParams, topicsSet).map(
        new Function<Tuple2<String, String>, String>() {
            @Override
            public String call(Tuple2<String, String> tuple2) {
                return tuple2._2();
            }
        }
        );
        //2.获取每一个行的字段属性
        JavaDStream<Tuple3<String, String, Integer>> records = lines.map(
        new Function<String, Tuple3<String, String, Integer>>() {
            @Override
```

```
public Tuple3<String, String, Integer> call(String line) throws Exception {
    String[] elems = line.split(",");
    return new Tuple3<String, String, Integer>(elems[0], elems[1],
        Integer.parseInt(elems[2]));
    }
  }
);
// 3.筛选女性网民上网时间数据信息
JavaDStream<Tuple2<String, Integer>> femaleRecords = records.filter(new
    Function<Tuple3<String, String, Integer>, Boolean>() {
    public Boolean call(Tuple3<String, String, Integer> line) throws Exception {
        if (line._2().equals("female")) {
            return true;
        } else {
            return false;
        }
    }
}).map(new Function<Tuple3<String, String, Integer>, Tuple2<String, Integer>>() {
    public Tuple2<String, Integer> call(Tuple3<String, String, Integer>
        stringStringIntegerTuple3) throws Exception {
        return new Tuple2<String, Integer>(stringStringIntegerTuple3._1(),
            stringStringIntegerTuple3._3());
    }
});
// 4.汇总在一个时间窗口内每个女性上网时间
JavaPairDStream<String, Integer> aggregateRecords =
JavaPairDStream.fromJavaDStream(femaleRecords)
    .reduceByKeyAndWindow(new Function2<Integer, Integer, Integer>() {
    public Integer call(Integer integer, Integer integer2) throws Exception {
        return integer + integer2;
    }
}, new Function2<Integer, Integer, Integer>() {
    public Integer call(Integer integer, Integer integer2) throws Exception {
        return integer - integer2;
    }
}, windowDuration, batchDuration);
JavaPairDStream<String, Integer> upTimeUser = aggregateRecords.filter(new
    Function<Tuple2<String, Integer>, Boolean>() {
    public Boolean call(Tuple2<String, Integer> stringIntegerTuple2) throws Exception {
        if (stringIntegerTuple2._2() > 0.9 * Integer.parseInt(windowTime)) {
            return true;
        } else {
            return false;
        }
    }
});
// 5.筛选连续上网时间超过阈值的用户，并获取结果
upTimeUser.print();
// 6.Streaming 系统启动
jssc.start();
jssc.awaitTermination();
}
```

使用 Scala 实现 Spark Streaming 的代码样例如下，具体代码参见 com.huawei. bigdata.spark.examples.FemaleInfoCollectionPrint。

```
// 参数解析:
// <batchTime>为 Streaming 分批的处理间隔。
// <windowTime>为统计数据的时间跨度,时间单位都是秒。
// <topics>为 Kafka 中订阅的主题,多以逗号分隔。
// <brokers>为获取元数据的 Kafka 地址。
val Array(batchTime, windowTime, topics, brokers) = args
val batchDuration = Seconds(batchTime.toInt)
val windowDuration = Seconds(windowTime.toInt)
// 建立 Streaming 启动环境。
val sparkConf = new SparkConf()
sparkConf.setAppName("DataSightStreamingExample")
val ssc = new StreamingContext(sparkConf, batchDuration)
// 设置 Streaming 的 CheckPoint 目录,由于窗口概念存在,该参数必须设置。
ssc.checkpoint("checkpoint")
// 组装 Kafka 的主题列表。
val topicsSet = topics.split(",").toSet
// 通过 brokers 和 topics 直接创建 kafka stream。
// 1.接收 Kafka 中数据,生成相应 DStream
val kafkaParams = Map[String, String]("metadata.broker.list" -> brokers)
val lines = KafkaUtils.createDirectStream[String, String, StringDecoder, StringDecoder](
ssc, kafkaParams, topicsSet).map(_._2)
// 2.获取每一个行的字段属性
val records = lines.map(getRecord)
// 3.筛选女性网民上网时间数据信息
val femaleRecords = records.filter(_._2 == "female")
.map(x=>(x._1, x._3))
// 4.汇总在一个时间窗口内每个女性上网时间
val aggregateRecords = femaleRecords
.reduceByKeyAndWindow(_ + _, _ - _, windowDuration)
// 5.筛选连续上网时间超过阈值的用户,并获取结果
aggregateRecords.filter(_._2 > 0.9 * windowTime.toInt).print()
// 6.Streaming 系统启动
ssc.start()
ssc.awaitTermination()
// 获取字段函数。
def getRecord(line: String): (String, String, Int) = {
val elems = line.split(",")
val name = elems(0)
val sexy = elems(1)
val time = elems(2).toInt
(name, sexy, time)
}
```

9.5 Spark SQL

9.5.1 Spark SQL 的功能

Spark SQL 是 Spark 用来操作结构化和半结构化数据的接口。这里我们简单介绍 Spark SQL 的三大功能:

1. Spark SQL 支持从多种结构化数据源（如 JSON、Parquet 等）中读取数据。

2. Spark SQL 不仅支持从 Spark 程序内部使用 SQL 语句进行数据查询，而且也支持从外部工具（如 Tableau、QlikView 等）通过标准数据库连接器（JDBC、ODBC）连接查询。

3. 当在 Spark 程序内使用 Spark SQL 时，Spark SQL 支持 SQL 与 Python、Java 以及 Scala 高度整合，包括连接 RDD 与 SQL 表、公开自定义的 SQL 函数接口等。

Spark SQL 提供 DataFrame 以实现以上功能（Spark1.3 版本之前为 SchemaRDD）。DataFrame 是一个以命名列方式组织的分布式数据集。它在概念上等同于关系数据库中的表或 Python、R 语言中的数据框架。DataFrames 可以从各种各样的源构建，例如：结构化数据文件、Hive 中的表、外部数据库或现有 RDD 等。

9.5.2 FusionInsight HD 中 Spark SQL 的应用实例

接下来以 9.3.3 小节的任务场景为例，使用 Spark SQL 统计日志文件中本周末网购停留总时间超过 2 个小时的女性网民信息。使用 Java 实现 Spark SQL 的代码样例如下，具体代码参见 com.huawei.bigdata.spark.examples.FemaleInfoCollection。

```java
SparkConf conf = new SparkConf().setAppName("CollectFemaleInfo");
JavaSparkContext jsc = new JavaSparkContext(conf);
SQLContext sqlContext = new org.apache.spark.sql.SQLContext(jsc);
// 通过隐式转换，将 RDD 转换成 DataFrame。
JavaRDD<FemaleInfo> femaleInfoJavaRDD = jsc.textFile(args[0]).map(
new Function<String, FemaleInfo>() {
@Override
public FemaleInfo call(String line) throws Exception {
String[] parts = line.split(",");
FemaleInfo femaleInfo = new FemaleInfo();
femaleInfo.setName(parts[0]);
femaleInfo.setGender(parts[1]);
femaleInfo.setStayTime(Integer.parseInt(parts[2].trim()));
return femaleInfo;
}
});
// 注册表。
DataFrame schemaFemaleInfo =
sqlContext.createDataFrame(femaleInfoJavaRDD,FemaleInfo.class);
schemaFemaleInfo.registerTempTable("FemaleInfoTable");
// 执行 SQL 查询。
DataFrame femaleTimeInfo = sqlContext.sql("select * from " +
"(select name,sum(stayTime) as totalStayTime from FemaleInfoTable " +
"where gender = 'female' group by name )" +
" tmp where totalStayTime >120");
// 显示结果。
List<String> result = femaleTimeInfo.javaRDD().map(new Function<Row, String>() {
public String call(Row row) {
return row.getString(0) + "," + row.getLong(1);
}
}).collect();
```

```
System.out.println(result);
jsc.stop();
```

使用 Scala 实现 Spark SQL 的代码样例如下，具体代码参见：com.huawei.bigdata.spark.examples.FemaleInfoCollection。

```
object CollectFemaleInfo {
//表结构，后面用来将文本数据映射为 df。
case class FemaleInfo(name: String, gender: String, stayTime: Int)
def main(args: Array[String]) {
//配置 Spark 应用名称。
val sparkConf = new SparkConf().setAppName("FemaleInfo")
val sc = new SparkContext(sparkConf)
val sqlContext = new org.apache.spark.sql.SQLContext(sc)
import sqlContext.implicits._
//通过隐式转换，将 RDD 转换成 DataFrame，然后注册表。
sc.textFile(args(0)).map(_.split(","))
.map(p => FemaleInfo(p(0), p(1), p(2).trim.toInt))
.toDF.registerTempTable("FemaleInfoTable")
//通过 sql 语句筛选女性上网时间数据，对相同名字行进行聚合。
val femaleTimeInfo = sqlContext.sql("select name,sum(stayTime) as stayTime from
FemaleInfoTable where
?gender = 'female' group by name")
//筛选出时间大于两个小时的女性网民信息，并输出。
val c = femaleTimeInfo.filter("stayTime >= 120").collect().foreach(println)
sc.stop() }
}
```

9.6 Spark MLlib

9.6.1 机器学习简介

机器学习（Machine Learning，简称 ML）是人工智能（Artificial Intelligence，简称 AI）的一个分支。它是实现人工智能的一个途径，即以机器学习为手段来解决人工智能中的问题。经过近 30 年的发展，机器学习已经成为一门多领域交叉学科，它涉及概率论、统计学、逼近论、凸分析、计算复杂性理论等多门学科。机器学习理论主要是通过设计和分析能够让计算机可以自动"学习"的算法，通过自动"学习"从数据中自动分析并获得规律，再利用规律对未知数据进行预测。机器学习的具体流程，如图 9-9 所示，机器学习是一个不断循环的过程，计算机程序被告知从经验 E 中学习某类任务 T 和性能度量 P，如果它在 T 中的任务的性能，由 P 来衡量，则随 E 而改进。在算法设计方面，机器学习理论关注可实现的，行之有效的学习算法，比如对于无规律可循且难度极高的问题，则会采用容易处理的近似算法。因为学习算法中涉及大量的统计学内容，机器学习与推断统计学联系尤为密切，所以机器学习也被称为统计学习理论。

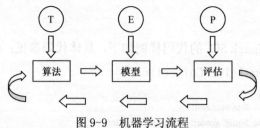

图 9-9 机器学习流程

目前，机器学习已广泛应用于数据挖掘、计算机视觉、自然语言处理、生物特征识别、搜索引擎、医学诊断、检测信用卡欺诈、证券市场分析、DNA 序列测序、语音和手写识别、战略游戏和机器人等领域。如战胜世界各大围棋高手的 AlphaGo 就是机器学习和人工智能的产物，人类高手们的接连惨败，也许代表了一个伟大时代将要开始。

9.6.2 Spark MLlib 的功能

MLlib（Machine Learning Library）是 Spark 中的机器学习函数库，它主要基于集群的并行任务而设计。MLlib 中包含丰富的机器学习的算法，可以在 Spark 支持的所有编程语言中使用，如 Java，Python，Scala 等。MLlib 的设计理念非常简单，即把数据以 RDD 形式表示，然后在分布式数据集上调用 Spark MLlib 自带的各种算法。MLlib 的设计引入了一些数据类型，如点和向量，但是归根结底，其本质仍是 RDD 上一系列可调用的函数的集合。

Spark MLlib 从 1.2 版本以后被分为 spark.mllib 和 spark.ml。其中 spark.mllib 包含基于 RDD 的原始算法 API；spark.ml 则提供基于 DataFrames 高层次的 API，可以用来构建机器学习工作流。从 Spark2.0 开始，spark.mllib 进入维护模式（不再增加任何新的特性），并预期于 3.0 版本的时候被移除出 MLlib。

Spark 在机器学习方面的发展非常快，目前已经支持主流的统计和机器学习算法。对比其他一些基于分布式架构的开源机器学习库，如 SINGA、DMTK 等，MLlib 算得上是一个非常有竞争力的产品。

9.7 Spark GraphX

9.7.1 图计算简介

图计算是以图论（Graph Theory）为基础的对现实世界的抽象表达，主要用于挖掘人、物和实体之间潜在不易观察的行为和联系。图计算基本的数据结构表达：

$$G = (V, E, D)$$

其中，V（vertex）代表顶点或者节点，E（edge）代表边，D（data）代表权重，通过 V、E、D 三个因素的组合可以表示出现实世界的各种关系。对于我们面临的许多物理世界的数据问题，都可以利用图结构来抽象表达。常见的图计算算法及应用有以下 4 种：

- 最小路径，常用于计算的场景有好友推荐、转账检测、计算关系紧密程度等；
- 最小联通图，常用于洗钱、虚假交易识别等场景；
- KeyPerson，可用于寻找关键因素，如防止客户流失的群体效应等场景；
- PageRank，用于传播影响力分析。

9.7.2 Spark GraphX 功能简介

GraphX 是用于图形和图形并行计算的 Apache Spark 的 API。与 Spark Streaming 以及 Spark SQL 类似，GraphX 也扩展了 Spark 的 RDD API，可以用来创建顶点和边包含任意属性的有向图。GraphX 可以对图进行多种操作，比如图的分割、三角形统计算法、相邻顶点收集算法、PageRank 算法、Pregel 图计算框架等。GraphX 提供的这些常用的图操作方法和图算法模型使得程序员在 Spark 上编写图计算程序变得非常简单。下面介绍一些常用的 GraphX 图操作方法，见表 9-7。

表 9-7　　　　　　　　　　GraphX 图操作方法

操作方法	说明
mapEdges	返回按用户提供函数改变图中边数据的值或类型之后的图
mapVertices	返回按用户提供函数改变图中顶点数据的值或类型之后的图
outerJoinVertices	返回依据用户提供的顶点数据和函数改变图中顶点数据的值或类型之后的图
mask	返回和另外一个图公共顶点和边组成的图
subgraph	返回按用户提供函数进行顶点和边过滤的图
aggregateMessages	主要用来高效解决相邻边或相邻顶点之间的通信问题，如将与顶点相邻的边或顶点的数据聚集在顶点上、将顶点数据散发在相邻边上。aggregateMessages 方法能够简单、高效地解决 PageRank 等图迭代应用

9.8　本章总结

第 9 章介绍了 Spark 的概述与应用，并分析了 Hadoop 存在的缺点与 Spark 的优势，以及 Spark 的技术原理。Spark 使用弹性分布式数据集 RDD，以此为基础形成结构一体、功能多样的完整的大数据生态系统，支持内存计算、SQL 即时查询、实时流式计算、机器学习和图计算等。接着介绍了 Spark 的部署方式，并在 FusionInsight HD 中演示了 Spark 的应用实践。

最后介绍了 Spark 生态系统中的重要组件，分别是用于实时流式计算的 Spark Streaming、用于即时查询的 Spark SQL、用于机器学习的 Spark MLlib 和用于图计算的 Spark GraphX。

练习题

一、填空题

1. RDD 的操作分为：_____ 和 _____ 两类。
2. _____ 模块是 Spark 最核心的模块。
3. Spark 常用的客户端工具有 _____、_____ 和 _____。

二、简答题

1. Spark 的特点有哪些？
2. Spark 相对于 MR 的优势是什么？
3. Spark 宽依赖窄依赖的区别是什么？
4. Spark 如何划分 Stage？

第10章
大気環境計算

第10章
大数据流计算

10.1 流计算概述
10.2 流计算的处理流程
10.3 Streaming流计算
10.4 本章总结
练习题

大数据包含静态数据和流数据，对应这两种数据，大数据处理方式分别为离线处理和实时处理。传统的 Hadoop MapReduce 计算框架采用离线的计算模式，主要用来完成静态数据的离线批量计算。随着用户对数据处理实时性的要求的增长，流计算的概念也被业界提出，并出现了适合流式数据计算的流计算平台，如 Storm、Spark、Samza 等。这些框架大多具有很好的扩展性、容错性和计算效率，因此在业界得到了广泛应用。

第 10 章首先介绍流计算的概念，然后介绍流计算框架，最后介绍 Storm 流计算以及其与 Streaming 流计算的差异。

> **学习目标**
> - 了解静态数据和流数据。
> - 了解 Storm 流计算原理和实现。
> - 了解 Storm 流计算和 Streaming 流计算的差异。

10.1 流计算概述

10.1 节将会首先介绍静态数据、流数据以及流计算的概念，其次分析 MapReduce 框架在流数据处理方面的缺陷，最后介绍 Hadoop 平台上的流计算框架。

10.1.1 静态数据和流数据

1. 静态数据

静态数据是记录后不变的数据,是一个固定数据集。用户在查询数据的时候,静态数据已经被生成且不再发生改变。一般用 OLAP(联机分析处理,On-Line Analytical Processing)分析工具分析处理静态数据,提取有用价值。在 Hadoop 大数据平台中,一般使用 MapReduce 计算框架对静态数据进行批量处理。

2. 流数据

流数据是一组顺序、大量、快速、由数据源连续到达存储系统的数据序列,可被视为一个随时间延续而无限增长的动态数据集合。对流数据的分析处理方式要比对静态数据复杂得多。互联网应用中许多类型的数据都属于流数据,如移动 APP 或 Web 应用程序生成的日志文件、社交网站信息、网络购物数据、金融交易数据、实时交通情况等。

流数据需根据时间记录,按顺序进行递增式处理,可用于多种分析,包括关联、聚合、筛选和取样。借助流数据的分析,企业能深入了解其业务和客户活动的方方面面,例如移动 APP 的日活量,用户的购买偏好,网站点击量以及设备、人员和实物的地理位置,从而迅速对新情况作出响应。

Hadoop 大数据平台一般使用 Storm 或者 Spark Streaming 对流数据进行处理。

10.1.2 流计算的概念

传统的数据处理流程通常是在收集数据后将其存放到数据库或数据仓库中,需要时再通过数据库或数据仓库对数据进行查询或相关的处理。若把持续生成的数据简单地放到传统数据库管理系统中,再在其中进行操作,会造成较大的延迟,因此,对实时性要求很高的应用并不适合采用这种方式。这是静态数据的批量计算方式,其处理的数据总是过期的,并不能对流数据作实时的分析。

对于流数据的处理,业界采用流计算方式。流计算是一种事件触发、持续作用、低延迟的计算方式,它可以很好地对流数据进行实时分析处理,捕捉到可能有用的信息。不同于批处理计算需要在数据集形成之后再启动计算作业,流计算是一种持续作用的计算服务,一旦启动将一直处于计算或者等待事件触发的状态。当数据源有新的数据生成并进入流式数据存储时,流计算系统会立即进行计算并迅速得到结果,延迟较低。

流计算主要面向以下两种应用需求:对金融与科学计算当中的数据进行更快运算和分析的需求;对存在于社交网站、博客、电子邮件、视频、新闻、电话记录、传输数据、电子感应器之中的数字格式的信息流进行实时处理的需求。

10.1.3 MapReduce 和流计算

MapReduce 是 Hadoop 的两大核心组件之一，主要应用于大规模数据的批量处理。在使用 MapReduce 进行数据处理时，Hadoop 读取节点上的数据块，在相关节点上并行运行 MapReduce 任务，最后对结果进行汇总。采用 MapReduce 处理实时数据，延迟较高，很难满足应用需求。Facebook 公司在 2011 年发布了论文《Apache Hadoop Goes Realtime at Facebook》，对 MapReduce 进行优化并将其用于实时流计算。Facebook 的改造方案及缺点如下。

- 将输入数据切分为更小的固定大小片段，再由 MapReduce 处理，降低延迟。

缺点：处理延迟与数据片段的长度、初始化处理任务的开销成正比。小的分段会降低延迟，增加附加开销，且分段之间的依赖关系更加复杂；反之，大的分段会增加延迟。

- MapReduce 被改造成 Pipeline 的模式以支持流式处理，中间结果保存在内存中。

缺点：增加了 MapReduce 框架的复杂度，不利于系统的维护和扩展。

- 使用 MapReduce 的接口来定义流式作业。

缺点：降低了应用程序的可伸缩性。

MapReduce 框架对批处理任务进行了高度优化，适用于静态数据的处理。流计算与批处理计算对于计算框架的需求有很大不同，建立同时适应流计算和批处理的计算框架，可能会造成系统的结构过于复杂，且造成两种计算模式都难以提供较优的效果。

10.1.4 流计算框架

目前，业内有许多分布式计算系统都可以对流数据进行实时计算，由于其本身的设计，MapReduce 更适用于静态数据的处理，Hadoop 平台上有更适用于流计算的计算框架，分别为 Storm、Spark 和 Samza。这 3 个流计算框架都是 Apache 基金会的顶级项目，下面将对其分别进行介绍。

1. Storm

Storm 是一个分布式的、可靠的、可容错的流计算框架。Storm 采用多语言协议，灵活性高，用户可以使用自己熟悉的编程语言进行操作。Storm 处理速度很快，每秒处理超过 100 万个元组。Storm 是可扩展的、容错的，可保证用户的数据被快速处理，并且易于设置和操作。华为基于 Storm 开发了数据流处理系统 Streaming，并对其进行了优化，10.3 节将对其进行详细介绍。

2. Spark

Spark 是基于内存计算的新一代计算框架，具有丰富的组件，可以应对复杂的计算场景。Spark 也可以应用于流数据业务场景。Spark 的流计算能力由组件 Spark Streaming 实现，它并不像典型的流计算框架那样单独处理数据流中的每条记录，而是采用微批处理（Micro-batch）的方式按时间间隔（亚秒级）预先将计算任务切分为一段一段的小数据集，并缓存在内存中，然后对这些小规模的固定数据集进行批处理，以此来实现流计算。这种方式的实际效果非常好，但相比真正的流处理框架在性能方面依然存在不足。

3. Samza

Samza 是一个分布式流处理框架，使用 Kafka 进行消息传递，使用 YARN 提供容错、资源隔离、管理部署、日志记录、安全性和资源定位。Samza 使用 Kafka 来确保消息按照写入分区的顺序被处理，并且保证任何消息不会丢失。Samza 与 Kafka 和 YARN 可以无缝集成，Samza 还提供了一个可插拔的 API，可与其他消息系统或执行环境对接。

10.2 流计算的处理流程

流数据的实时处理过程可以划分为 3 个阶段：数据实时采集阶段、数据实时计算阶段、数据实时查询阶段。

10.2.1 数据实时采集

数据实时采集阶段需要在多个数据源完整地收集实时生成的数据，为实时应用提供计算所需数据。对于流计算，数据收集在响应时间上需要保证实时性、低延迟。

Hadoop 大数据平台通常使用的实时数据采集系统有 Kafka、Flume 和 Chukwa，其均可满足每秒数百 MB 的数据采集和传输需求，目前在互联网企业中得到广泛应用。

10.2.2 数据实时计算

流数据实时性强、数据量大、持续生成没有边界。以电子商务为例，淘宝上商铺的到访顾客信息，如访问时间、访客 ID、访客地理位置、访客 IP、页面访问及停留时间等，每时每刻都会产生大量数据。在数据实时计算阶段，我们需要接收从数据采集系统不断发来的数据，在流数据不断变化的过程中实时地进行分析计算，捕捉到可能对用户有用的信息，并把结果发送出去。流计算的数据处理系统由事件触发，当新的数据产生时，数据处理系统会自动进行计算处理，而用户处于被动接收的状态。

对于流计算，数据实时计算阶段需要满足以下要求：需要适应流数据实时性强、数据量大、持续生成的特性，需要实现不间断查询、系统稳定可靠和易扩展。Hadoop 大数据平台常用的流计算框架有 Storm、Spark 和 Samza。

10.2.3 数据实时查询

经过数据实时计算阶段，数据处理结果可供用户实时查询。流计算中数据是持续变动的，系统对流数据进行实时处理，在收集到新的数据时就进行计算，更新处理结果，并将处理结果实时推送给用户。在静态数据的数据处理流程中，用户则需要主动发起查询请求才能获得查询结果。

10.3　Streaming 流计算

10.3 节主要介绍 Streaming 流计算，主要内容包括：Streaming 简介、Streaming 的特点以及 Streaming 在 FusionInsight HD 上的应用实践。

10.3.1　Streaming 简介

Streaming 基于开源 Apache Storm，是一个分布式的、可靠的、容错的数据流处理系统。它会把工作任务委托给不同类型的组件，每个组件负责处理一项特定的任务。Streaming 的目标是对大数据流进行实时处理，可以可靠地处理无限的数据流。Streaming 有众多适用场景，包括：实时分析、持续计算、分布式 ETL 等。

Streaming 服务由 Nimbus、Client 和多个 Supervisor 进程组成，如图 10-1 所示。

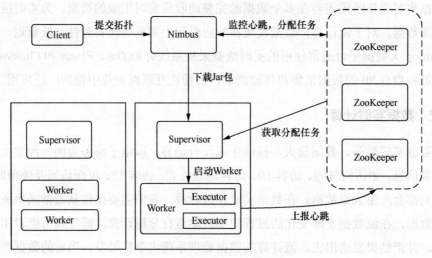

图 10-1　Streaming 系统架构

其中，Client 客户端向 Nimbus 提交业务拓扑。Nimbus 负责接收客户端提交的任务，并在集群中分发任务给 Supervisor，同时监听心跳状态等。Supervisor 进程负责监听并接受 Nimbus 分配的任务，根据需要启动和停止属于自己管理的 Worker 进程。Worker 进程处理业务逻辑，每个 Worker 都是一个 JVM 进程。Executor 为 Worker 进程的线程，处理具体的业务逻辑。Executor 按功能分为 Spout 和 Bolt 两种，其中 Spout 作为数据源，负责产生数据；Bolt 则负责接收并处理 Spout 或者上级 Bolt 发送的数据。ZooKeeper

为 Streaming 服务中各进程提供分布式协作服务，主备 Nimbus、Supervisor、Worker 将自己的信息注册到 ZooKeeper 中，Nimbus 据此感知各个角色的健康状态。

下面介绍 Streaming 服务运行过程中的一些基本概念。

Topology：Storm 平台上运行的一个实时应用程序，是由 Spout 和 Bolt 组件（Component）组成的一个 DAG（Directed Acyclic Graph）程序。一个 Topology 可以并发地运行在多台机器上，每台机器上可以运行该 DAG 中的一部分。Topology 与 Hadoop 中的 MapReduce Job 类似，不同的是，它是一个长驻程序，一旦开始就不会停止，除非人工中止。

Tuple：Storm 核心数据结构，是消息传递的基本单元。对于不可变的 Key-Value 对，这些 Tuple 会以分布式的方式进行创建和处理。

Stream：Storm 的关键抽象，是一个无边界的连续 Tuple 序列。

Spout：Topology 中产生源数据的组件，是 Tuple 的来源，通常可以从外部数据源（如消息队列、数据库、文件系统、TCP 连接等）读取数据，然后将其转换为 Topology 内部的数据结构 Tuple，由下一级组件处理。

Bolt：Topology 中接受数据并执行具体处理逻辑（如过滤、统计、转换、合并、结果持久化等）的组件。

图 10-2 是 Topology 的示意。图中，Spout 从外部数据源获取流式数据，将数据转换为 Topology 内部的数据结构 Tuple 后，将数据传递到 Bolt A 和 Bolt C。Bolt C 接收到数据后对数据进行持久化存档。Bolt A 接收到数据后对感兴趣的数据进行过滤并传递给 Bolt B。

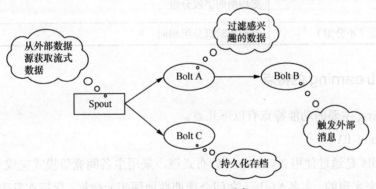

图 10-2 Topology 示意

Worker：是 Topology 运行态的物理进程，如图 10-3 所示。每个 Worker 是一个 JVM 进程，每个 Topology 可以由多个 Worker 并行执行，每个 Worker 运行 Topology 中的一个逻辑子集。Worker 进程的个数取决于 Topology 的设置，且无设置上限，具体可获得调度并启动的 Worker 个数取决于 Supervisor 配置的 Slot 个数。

Executor：一个单独的Worker进程中会运行一个或多个Executor线程。每个Executor只能运行Spout或者Bolt中的一个或多个Task实例。

Task：Worker中每一个Spout/Bolt的线程称为一个Task。Task是Executor线程需要计算处理的逻辑对象，比如求和、求平均值等。

Stream Groupings：Storm中的Tuple分发策略，即后一级Bolt以什么分发方式来接收数据。当前其支持的策略有：Shuffle Grouping、Fields Grouping、All Grouping、Global Grouping、None Grouping、Directe Grouping等。例如，使用All Grouping策略会群发Tuple消息给目标Bolt的所有Task。其他策略对应的功能见表10-1。

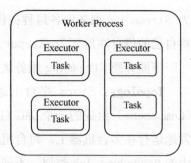

图10-3　Worker进程组成

表10-1　消息分发策略

分组方式	功能介绍
FieldsGrouping（字段分组）	按照消息的哈希值分组发送给目标Bolt的Task
GlobalGrouping（全局分组）	所有消息都发送给目标Bolt的一个固定Task
ShuffleGrouping（随机分组）	消息发送给目标Bolt的一个随机Task
LocalOrShuffleGrouping（本地或者随机分组）	如果目标Bolt在同一工作进程存在一个或多个Task，数据会被随机分配给这些Task。否则，该分组方式与随机分组方式相同
AllGrouping（广播分组）	消息群发给目标Bolt的所有Task
DirectGrouping（直接分组）	由数据生产者决定将数据发送给目标Bolt的哪一个Task。需在发送时使用emitDirect（taskID、tuple）接口指定TaskID
PartialKeyGrouping（局部字段分组）	更均衡的字段分组
NoneGrouping（不分组）	当前和随机分组相同

10.3.2　Streaming的特点

Streaming主要的功能特点有以下几点。

1. Nimbus HA

Nimbus HA是通过使用ZooKeeper分布式锁，采用主备间竞争模式完成Leader选举和主备切换来实现的。主备Nimbus之间会周期性地同步元数据，保证在发生主备切换后拓扑数据不丢失，业务不受损，如图10-4所示。

2. 容灾能力

Streaming是一个容错系统，具有较高可用性。图10-5描述了Node2失效后，自动迁移到正常节点，业务不中断的场景。Streaming不同部件失效及其容错方式，见表10-2。

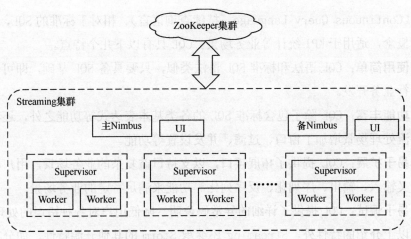

图 10-4 Nimbus HA 架构

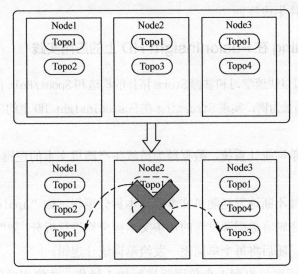

图 10-5 Streaming 节点失效示意

表 10-2 **Streaming 失效场景及说明**

失效场景	说明
Nimbus 失效	Nimbus 是无状态且快速失效的。当主 Nimbus 失效时，备 Nimbus 会接管，并对外提供服务
Supervisor 失效	Supervisor 是工作节点的后台守护进程，是一种快速失效机制，且是无状态的，其并不影响正在该节点上运行的 Worker，但是会导致其无法接收新的 Worker 分配。当 Supervisor 失效时，OMS 会侦测到，并及时重启该进程
Worker 失效	该 Worker 所在节点上的 Supervisor 会在此节点上重新启动该 Worker。如果多次重启失败，则 Nimbus 会将该任务重新分配到其他节点
节点失效	该节点上分配的所有任务会超时，而 Nimbus 会将这些 Worker 重新分配到其他节点

3. StreamCQL

Streaming 将 Storm 作为计算平台，在业务层为用户提供了更为易用的业务实现方式:CQL(Continuous Query Language,持续查询语言)。相对于标准的 SQL,CQL 加入了窗口的概念,适用于 KPI 统计等业务场景。CQL 具有以下几个特点。

- **使用简单**:CQL 语法和标准 SQL 语法类似,只要具备 SQL 基础,即可快速地进行业务开发。
- **功能丰富**:CQL 除了包含标准 SQL 的各类基本表达式等功能之外,还特别针对流处理场景增加了窗口、过滤、并发设置等功能。
- **易于扩展**:CQL 提供了拓展接口,以支持日益复杂的业务场景,用户可以自定义输入、输出、序列化、反序列化等功能来满足特定的业务场景。
- **易于调试**:CQL 提供了详细的异常码说明,降低用户对各种错误的处理难度。

除了以上介绍的特性外,Streaming 还继承 Storm 的其他开源特性,如分布式实时计算框架、可靠的消息保证、多语言支持、安全机制、滚动升级、灵活的拓扑定义及部署并支持与外部组件集成等。

10.3.3 Streaming 在 FusionInsight HD 上的应用实践

通过典型场景可以快速学习和掌握 Storm 拓扑的构造和 Spout/Bolt 的开发过程。接下来以一个简单的应用场景为例,实现 Streaming 在 FusionInsight HD 上的应用开发实践。

1. 场景需求

开发一个动态单词统计系统,数据源为持续生产随机文本的逻辑单元,业务处理流程如下。

- 数据源持续不断地发送随机文本给文本拆分逻辑,如"apple orange apple"。
- 单词拆分逻辑将数据源发送的每条文本按空格进行拆分,如"apple""orange""apple",随后将每个单词逐一发给单词统计逻辑。
- 单词统计逻辑每收到 1 个单词就进行加 1 操作,并将实时结果打印输出,如下例。

```
apple: 1
orange: 1
apple: 2
```

2. 开发思路

根据上述场景进行功能分解,主要分为 4 个步骤。

(1)创建一个 Spout 用来生成随机文本。
(2)创建一个 Bolt 用来将收到的随机文本拆分成独立的单词。
(3)创建一个 Blot 用来统计收到的不同单词出现的次数。
(4)创建 Topology。

3. 编写程序

(1)创建一个 Spout 用来生成随机文本

Spout 是 Storm 的消息源,它是 Topology 的消息生产者,一般来说消息源会从一个外部源读取数据并向 Topology 中发送消息(Tuple)。一个消息源可以发送多条消息流,可以使用 OutputFieldsDeclarer.declarerStream 来定义多个 Stream,然后使用 SpoutOutputCollector 来发送指定的 Stream。具体的代码样例如下,详细可参考 com.huawei.streaming.storm.example.RandomSentenceSpout 类。

```
/**
 * {@inheritDoc}
 */
@Override
public void nextTuple()
{
  Utils.sleep(100);
  String[] sentences =
    new String[] {"the cow jumped over the moon",
      "an apple a day keeps the doctor away",
      "four score and seven years ago",
      "snow white and the seven dwarfs",
      "i am at two with nature"};
  String sentence = sentences[random.nextInt(sentences.length)];
  collector.emit(new Values(sentence));
}
```

(2)创建一个 Bolt 用来将收到的随机文本拆分成独立的单词

所有的消息处理逻辑都被封装在各个 Bolt 中。Bolt 包含多种功能:过滤、聚合等。如果 Bolt 之后还有其他拓扑算子,可以使用 OutputFieldsDeclarer.declareStream 定义 Stream,使用 OutputCollector.emit 来选择要发送的 Stream。具体的代码样例如下,详细可参考 com.huawei.streaming.storm.example.SplitSentenceBolt 类。

```
/**
 * {@inheritDoc}
 */
@Override
public void execute(Tuple input, BasicOutputCollector collector)
{
  String sentence = input.getString(0);
  String[] words = sentence.split(" ");
  for (String word : words)
  {
    word = word.trim();
    if (!word.isEmpty())
    {
      word = word.toLowerCase();
      collector.emit(new Values(word));
    }
  }
}
```

(3)创建一个 Blot 用来统计收到的不同单词出现的次数

具体的代码样例如下,详细可参考 com.huawei.streaming.storm.example.WordCountBolt 类。

```
@Override
public void execute(Tuple tuple, BasicOutputCollector collector)
{
    String word = tuple.getString(0);
    Integer count = counts.get(word);
    if (count == null)
    {
        count = 0;
    }
    count++;
    counts.put(word, count);
    System.out.println("word: " + word + ", count: " + count);
}
```

(4) 创建 Topology

一个 Topology 是由 Spouts 和 Bolts 组成的有向无环图。应用程序通过 storm jar 的方式提交，需要在 main 函数中调用创建 Topology 的函数，并在 storm jar 参数中指定 main 函数所在类。具体的代码样例如下，详细可参考 com.huawei.streaming. storm.example.WordCountTopology 类。

```
public static void main(String[] args)
    throws Exception
{
    TopologyBuilder builder = buildTopology();
    /*
     * 任务的提交有三种方式：
     * 1. 命令行方式提交，这种需要将应用程序jar包复制到客户端机器上执行客户端命令提交，支持安全和非安全模式。
     * 2. 远程方式提交，这种需要将应用程序的 jar 包打包好之后在 Eclipse 中运行 main 方法提交，安全和非安全模式。
     * 3. 本地提交，在本地执行应用程序，一般用来测试，仅支持非安全模式。
     *
     * 用户同时只能选择其中一种任务提交方式，默认命令行方式提交。
     */
    submitTopology(builder, SubmitType.CMD);
}
private static void submitTopology(TopologyBuilder builder, SubmitType type) throws Exception
{
    switch (type)
    {
        case CMD:
        {
            cmdSubmit(builder, null);
            break;
        }
        case REMOTE:
        {
            remoteSubmit(builder);
            break;
        }
        case LOCAL:
        {
            localSubmit(builder);
            break;
        }
    }
}
```

```java
    }
    /**
     * 命令行方式远程提交。
     * 步骤如下：
     * 打包成 Jar 包，然后在客户端命令行上面进行提交
     * 远程提交的时候，要先将该应用程序和其他外部依赖（非 excemple 工程提供，用户自己程序依赖）的 jar 包打包成一个大的 jar 包
     * 再通过 storm 客户端中 storm -jar 的命令进行提交
     *
     * 如果是安全环境，客户端命令行提交之前，必须先通过 kinit 命令进行安全登录
     *
     * 运行命令如下：
     * ./storm jar ../example/example.jar com.huawei.streaming.storm.example.WordCountTopology
     */
    private static void cmdSubmit(TopologyBuilder builder, Config conf)
    throws AlreadyAliveException, InvalidTopologyException, NotALeaderException,
    AuthorizationException
    {
        if (conf == null)
        {
            conf = new Config();
        }
        conf.setNumWorkers(1);
        StormSubmitter.submitTopologyWithProgressBar(TOPOLOGY_NAME, conf,
        builder.createTopology());
    }
    private static void localSubmit(TopologyBuilder builder)
    throws InterruptedException
    {
        Config conf = new Config();
        conf.setDebug(true);
        conf.setMaxTaskParallelism(3);
        LocalCluster cluster = new LocalCluster();
        cluster.submitTopology(TOPOLOGY_NAME, conf, builder.createTopology());
        Thread.sleep(10000);
        cluster.shutdown();
    }
    private static void remoteSubmit(TopologyBuilder builder)
    throws AlreadyAliveException, InvalidTopologyException, NotALeaderException,
    AuthorizationException,
    IOException
    {
        Config config = createConf();
        String userJarFilePath = "替换为用户 jar 包地址";
        System.setProperty(STORM_SUBMIT_JAR_PROPERTY, userJarFilePath);
        //安全模式下的一些准备工作
        if (isSecurityModel())
        {
            securityPrepare(config);
        }
        config.setNumWorkers(1);
        StormSubmitter.submitTopologyWithProgressBar(TOPOLOGY_NAME, config,
        builder.createTopology());
    }
    private static TopologyBuilder buildTopology()
```

```
{
    TopologyBuilder builder = new TopologyBuilder();
    builder.setSpout("spout", new RandomSentenceSpout(), 5);
    builder.setBolt("split", new SplitSentenceBolt(), 8).shuffleGrouping("spout");
    builder.setBolt("count", new WordCountBolt(), 12).fieldsGrouping("split", new
    Fields("word"));
    return builder;
}
```

10.3.4　Spark Streaming 与 Streaming 的差异

Spark Streaming 和 Streaming 都是分布式流处理的开源框架，但是两者在技术架构与数据处理模型上存在着非常大的差异。Spark Streaming 基于数据并行，以流的方式将每个时间区间的数据收集起来，转换成 RDD，再根据业务逻辑生成新的 RDD，然后收集结果 RDD 数据，并将结果传送出去，如图 10-6 所示。

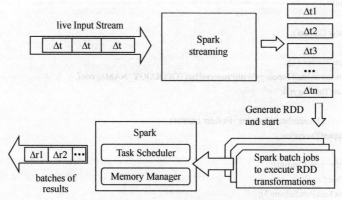

图 10-6　Spark Streaming 微批处理流程

Streaming 基于任务并行，将任务以流的形式传入系统，如图 10-7 所示。

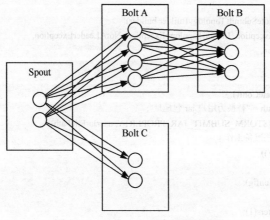

图 10-7　Streaming 流处理流程

由于 Spark Streaming 和 Streaming 数据处理模型的差异，二者在数据处理的效果上也有较大的差异，见表 10-3。

表 10-3　　Spark Streaming 和 Streaming 数据处理对比

对比项	Spark Streaming	Streaming
任务执行方式	执行逻辑即时启动，运行完回收	执行逻辑预先启动，持续存在
事件处理方式	需积累一定批量的事件才进行处理	事件实时处理
延时	秒级	毫秒级
吞吐量	高（约为 Streaming 的 2～5 倍）	较高

从表 10-3 中可以看出，Spark Streaming 和 Streaming 在数据处理的实时性与数据吞吐量上各有优势。Streaming 数据处理的延时更低，可以达到毫秒级别，适用需要实时处理且不能忍受秒级延迟的场景，比如需要实时进行金融交易和分析的实时金融系统，而 Spark Streaming 在数据处理的吞吐量方面表现更为优秀，可以达到 Streaming 的 2～5 倍，适用于对吞吐量有较大要求且对实时性要求并非太高的业务应用场景。

10.4　本章总结

流数据是由多个数据源持续产生的数据。对流数据的处理要求实时性、低延迟。MapReduce 的批量处理方式并不适用于流数据的计算。Apache 基金会的计算框架 Storm、Spark、Samza 采用流计算的方式对流数据进行处理。流计算流程包括数据实时采集阶段、数据实时计算阶段和数据实时查询阶段。

华为基于 Storm 开发的流计算系统 Streaming，用于处理 FusionInsight HD 平台中的流数据。Streaming 有众多适用场景，如实时分析、持续计算、分布式 ETL 等。

第 10 章最后演示了 Streaming 在 FusionInsight HD 上的应用实践，对比了 Streaming 和 Spark Streaming 之间的区别。

练习题

一、选择题

1. 以下哪个计算框架采用微批处理的方式处理流数据（　　）
   A．Storm　　　　B．Samza　　　　C．Spark　　　　D．Streaming
2. Storm 的核心数据抽象是（　　）
   A．Tuple　　　　B．Spout　　　　C．RDD　　　　D．Block
3. 流计算的处理过程包括（多选题）（　　）
   A．数据采集　　　B．数据计算　　　C．数据清洗　　　D．数据查询

4. Streaming 的适用场景包括（多选题）（   ）

A. 批处理　　　　　B. 实时分析　　　　　C. 分布式 ETL　　　　　D. 持续计算

二、简答题

1. 简述流数据的概念。
2. Streaming 的主要组件有哪些？
3. 简述 Streaming 和 Spark Streaming 的区别。

第II章
米の文化

第11章
数据可视化

11.1 可视化概述
11.2 可视化工具
11.3 可视化的典型应用
11.4 本章总结
练习题

在大数据时代,如何让用户通过直观、方便的方式接收海量数据中有价值的信息,是一个巨大的挑战。人类大脑同时处理信息的数量有限,难以在海量的数据中快速发现内在联系和关键价值。那么如何将大数据的处理信息更加直观地呈现给人类,并快速解读就显得尤为重要。数据可视化是指将大型数据集中,并将有价值的信息以图形图像形式展现,向用户简洁高效地传达信息的过程。人们通过数据可视化技术,可以生成实时的图表,对数据的生成和变化进行观测、跟踪,也可以形成静态的多维报表,以发现数据中不同变量的潜在联系。

第 11 章首先介绍数据可视化的概念及发展历程,然后分类介绍可视化工具,最后介绍数据可视化在医学、工程和互联网这三个领域中的应用场景。

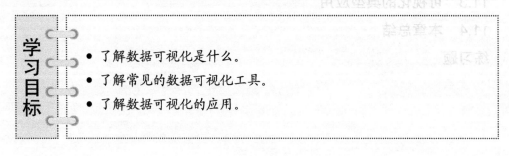

11.1 可视化概述

11.1 节将介绍数据可视化的概念、数据可视化的重要性及数据可视化的发展历程,最后介绍数据可视化的实现过程。

11.1.1 数据可视化简介

数据可视化是指将数据中隐含的价值通过图形图像形式进行表示,从而实现简洁高效地传达信息的过程。为了对不同类型数据的关键点进行有效的表达,数据的呈现需要兼顾简洁性和艺术性。然而许多设计者却经常忽视这其中的平衡,过于注重华丽的数据表达,而忘记了最根本的目标——信息传递。

数据可视化既是一门艺术,也是一门科学。有人认为它是描述性统计学的一个分支,也有人认为它是一项理论开发工具。而无论如何对它进行定位,数据可视化正在面临大数据所带来的巨大挑战。如何有效地传递大数据的价值,这对数据可视化提出了更高的要求。而相关的从业人员也在实际工作中,不断地应对这些挑战,比如选择何种表现形式,如何有效展示数据之间的关系,等等。

11.1.2 数据可视化的重要性

无论多么重要的结论,受众如果无法理解或者无法获取,都是毫无意义的;无论多么有价值的数据,如果无法有效地呈现,其价值都难以被使用。

数据可视化是人类理解复杂分析结果的手段,也是数据分析过程中非常重要和比较容易被忽视的步骤。当你增加了数据的复杂性,那么你最终获得的模型复杂度也会同步增加,这使得信息的高效传递和数据的可视化变得更加困难。此外,人类大脑一次只能处理两到三条信息,但人类的行为却经常被两到三个以上的因素所影响。这意味着你需要运用高级分析和统计建模来准确预测人类行为。

从表达形式上来看,人类大脑更容易处理使用图或表所表达的信息。这也说明,数据可视化使得信息传递、概念传达更加快速、简便。如表 11-1、图 11-1 所示,展示了 2006~2015 年国民总收入与国内生产总值情况的信息。当你需要知道一段时间的变化情况时,很显然统计图会更加直观,且能够帮助你更快地获取信息;而当你需要知道某一个具体数据时,统计表的效果会更好。当然,无论是统计图还是统计表,都比一连串纯粹的数据更让人容易接受。

表 11-1 2006~2015 年国民总收入与国内生产总值情况

指标	2006 年	2007 年	2008 年	2009 年	2010 年	2011 年	2012 年	2013 年	2014 年	2015 年
国民总收入(亿元)	219028.5	270844	321500.5	348498.5	411265.2	484753.2	539116.5	590422.4	644791.1	686449.6
国内生产总值(亿元)	219438.5	270232.3	319515.5	349081.4	413030.3	489300.6	540367.4	595244.4	643974	689052.1

注:1. 1980 年以后国民总收入与国内生产总值的差额为国外净要素收入。
2. 按照我国国内生产总值(GDP)数据修订制度和国际通行做法,在实施研发支出核算方法改革后,对以前年度的 GDP 历史数据进行了系统修订。

11.1.3 可视化的发展历程

数据可视化的发展经历数个世纪之久,而且依旧处在不断变革的过程中。事实上,从人类开始有意识地收集数据起，用图形描绘量化信息就是人类对世界观察、测量和管理的需求之一。

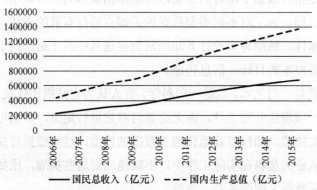

图 11-1　2006～2015 年国民总收入与国内生产总值情况

可视化的起源是几何图表，人类试图将地理位置、星图等表达在图表中，人类发现最早的地图可以追溯到公元前 6200 年。到 17 世纪，天体和地理的测量技术得到了极大的发展，尤其是出现了像三角测量这样的可以精确绘制地理位置的技术，使新的、更精准的视觉呈现形式得以发明。如图 11-2 所示，是绘制于 1644 年的一幅统计图形，作者已经能够以一维线图的形式有效地表达数据，即两地之间 12 个当时已知的经度差异。这幅图形也被认为是第一幅（已知的）统计图形。

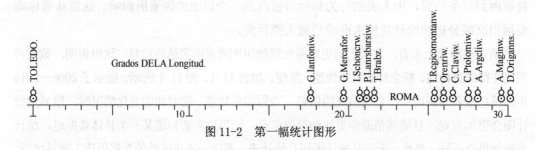

图 11-2　第一幅统计图形

整个 17 世纪，概率论、人口统计学和整个统计领域都取得了长足的进步，到 17 世纪末，启动"视觉思维"的要素已经完全准备完毕。此后，制图者们不再局限于表达地理位置信息，而是开始结合经济学、人口学和健康信息等数据，根据实际需求做复杂信息的数据可视化表达。同时，随着数据量的增加，彩色、平板印刷等技术的革新，新的可视化方式开始出现。得益于此，19 世纪上半叶，出现了大量统计图形和专题绘图。目前所有形式的统计图形开发都来自于那个年代；在制图时，基于各种各样的数据，将简单的地图合并、转换成复杂的地图集。比如 1826 年，法国男爵 Charles Dupin 发明了用连续的黑白底纹来显示法国识字人口分布情况的方法。

1850 年前后，建立数据可视化快速发展的所有要素都已成熟，数据分析的重要性在包括社会、工业、商业和交通规划等各个领域逐步显现。而众多统计学理论的提出，使各类数据蕴含的更多意义被发掘出来，数据可视化的发展再次面临挑战。

20世纪60年代，现代电子计算机的发明使数据可视化的发展进入了一个全新的阶段。软件和操作系统的发展，使计算机可以与人高度互动，且易于使用；数据分析效率大幅提高，可视化实现工具层出不穷，数据可视化的表现形式不断革新。现如今，现代地理信息系统（GIS）和二维、三维的统计图形交互系统也已出现，数据可视化已经进入了一个新的黄金时代。

11.1.4 数据可视化的过程

目前完成数据可视化的步骤大致可分为以下6步。

1. 明确问题或目标

在进行数据可视化之前，首先需要确定一个目标或者列出一个问题，比如将要传递什么信息。这个目标或问题将引导你确定要收集哪方面的数据，或者要做何种准备。

2. 明确受众

不同目标群体对信息的接受方式不同，不同的可视化表达也会有不同的传递信息的效果。因此，需要确定哪些人会使用这些信息，了解受众的关注点。

3. 研究数据

数据可视化的本质是表达数据，既然是表达数据，就必须了解数据的特征。要知道数据是如何分布的，数据中是否存在异常值，数据是否有缺失等影响表达结果的相关因素。

4. 定义信息指标

了解数据之后，根据需求确定信息指标。通过判断变量关系、数据差异等，选择合适的指标描绘数据。

5. 选择合适的图表类型

不同的图表类型有不同的表达效果，比如，散点图多用来反映相关性或分布关系；曲线图多用来反映随时间变化的趋势；饼图多用来反映构成，即部分占总体的比例；地图用来反映区域之间的分类比较等。随着可视化工具的发展，设计者们基于常用的图表设计出了许多新颖的图表类型。

6. 评估数据可视化效果

数据可视化的工作往往不能一蹴而就，因此，评估及改进是十分必要的。评估可以从实际效果、简洁程度、条理性、权威性等方面来考察。比如，是否完整地展示了变量之间的关系，所选图表类型是否是传递变量关系的最佳选择；可视化的图表是否聚焦于信息传递而不是色彩渲染；数据的分组是否合理；数据的显示是否清晰；数据来源是否可靠，可视化过程中是否去除了一些数据，如果是，有无标记等。

11.2 可视化工具

11.2 节将介绍常见的数据可视化工具，包括 Excel、R 语言、Tableau 和 QlikView。

11.2.1 入门级工具（Excel）

说到数据可视化工具，就不得不提到一款最常用、最简单易学的入门级工具——Excel。Excel 是微软公司旗下办公软件 Microsoft Office 的常用组件之一。所有版本的 Excel 都支持通过图表、数据条、迷你图和条件格式等表达形式实现数据可视化。数据透视表和数据透视图跨多个维度汇总数据的常用方法，它们可以表达这些维度之间的关系。除此之外，你还可以使用切片器和时间线来支持数据可视化的交互式过滤。

比如，当分析 GDP 数据时，你可以使用数据透视表，如图 11-3 所示，数据透视图，如图 11-4 所示，去观察各省各年的数据，以便按照不同维度进行比较。

数据库：分省年度数据
指标：地区生产总值(亿元)
时间：最近10年

地区	2006年	2007年	2008年	2009年	2010年	2011年	2012年	2013年	2014年	2015年
北京市	8117.78	9846.81	11115	12153.03	14113.58	16251.93	17879.4	19800.81	21330.83	23014.59
上海市	10572.24	12494.01	14069.86	15046.45	17165.98	19195.69	20181.72	21818.15	23567.7	25123.45
广东省	26587.76	31777.01	36796.71	39482.56	46013.06	53210.28	57067.92	62474.79	67809.85	72812.55
山东省	21900.19	25776.91	30933.28	33896.65	39169.92	45361.85	50013.24	55230.32	59426.59	63002.33

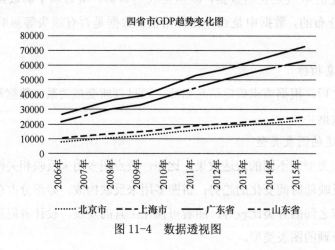

图 11-3 数据透视表

图 11-4 数据透视图

11.2.2 普通工具（R 语言）

R 语言是一个用于统计计算和图形绘制的开源编程语言和操作环境，它被统计学家和数据挖掘者广泛用于开发统计软件和数据分析。R 语言是一个类似于 S 语言和环境的 GNU 项目，它由 John Chambers 及其同事在贝尔实验室开发，并在遵守自由软件基金会的 GNU 通用公共许可证条款的情况下开发和发行，可以在各种 Unix 平台和类 Unix 操作系统、Windows 和 MacOS 上进行编译和运行。R 语言可以被认为是 S 语言的不同实现，尽管它们有一些重要的区别，但是对于大多数基于 S 语言编写的代码都可以在 R 语言中正常运行。

R 语言可以实现各种统计和图形技术，包括线性和非线性建模、经典统计测试、时间序列分析、分类、聚类等，而且 R 语言还可以通过第三方插件库和加载配置资源项轻松实现扩展。

此外，R 语言的另一大优势是可以轻松地制作出精心设计的达到出版品质的地图，包括所需的数学符号和公式。R 语言作为一个自由、免费、开源的软件，正在被越来越多的数据分析者接受和使用。

11.2.3 高级工具（Tableau 和 QlikView）

Tableau 是一款数据可视化的商业智能工具。Tableau 是一种交互式数据可视化工具，它可以用仪表盘、工作表的形式实现交互式和可视化，它允许非技术用户轻松创建自定义的仪表板，为用户提供更好的数据观察角度。

QlikView 是 QlikTech 旗下的产品，它也是一款商业智能的数据可视化工具。QlikView 可以使终端用户以高度可视化方式，互动分析重要数据。QlikView 的开发和使用较为简单，数据分析、处理灵活且高效，但作为一个内存型的商业智能产品，在处理海量数据时，对硬件的要求较高。

11.3 可视化的典型应用

数据可视化在现实生活中的应用很广泛，本节主要介绍数据可视化在医学、工程和互联网三个领域中的应用场景。

11.3.1 可视化在医学上的应用

1. 数据可视化在医学上的表现形式

数据可视化在医学领域的主要表现形式为医学图像数据可视化。医学图像数据可视化是一种利用现代计算机技术，将收集到的二维医学图像数据重构成物体的三维图像的技术。这种技术通常用于构造人体病变组织或器官的三维图像，通过这种手段获得的三维医学图像对临床应用具有很大的价值。医生可以通过人机交互，从不同角度、多层次分析人体病变组织或器官，确定病灶的大小，进而制定合适的治疗方案。

2. 医学图像可视化的发展历程

医学图像可视化技术最早起源于 1989 年美国国家医学图书馆提出的"Visible

Human Project（人体可视化项目）"，缩写为 VHP。美国国家医学图书馆将项目的实施交由科罗拉多大学承担，科罗拉多大学分别于 1994 年和 1995 年通过电子计算机断层扫描（CT）和磁共振成像（MRI）技术对男女尸体进行扫描，结合数码摄影技术，得出男女可视化人体数据集共 56GB 的数据，从而开启医学数据可视化的大门。2002 年，中国首例人体可视化数据集在第三军医大学也通过试验获得。近年来，医学图像可视化技术已经逐渐成熟。

3. 医学图像可视化应用于临床

电子计算机断层扫描（CT）和磁共振成像（MRI）技术只能形成病变组织或器官二维图像，医生往往需要凭借自身经验，对二维图像进行分析并制定治疗方案。医学图像可视化应用于临床后，医生可以从三维图像中看到人体内部的真实结构，从而更加精准地定位病变组织的真实情况，进而制定更加合理的手术方案。例如，应用可视化技术进行髋关节矫形手术，医生可以先在计算机上的三维图像进行一系列的手术方案模拟，得出最佳手术方案后，再制定临床手术方案，从而大大提高手术的成功率。

目前，医学图像可视化已经应用到手术仿真、外科整形、放射治疗、仿真内镜以及临床解剖教学等多个医学领域。

11.3.2 可视化在工程中的应用

1. 数据可视化在水利工程中的应用

在可视化技术还没有应用到水利工程之前，水利工程的勘探、测量、规划设计以及建设，都是基于二维的设计图纸。工程的管理者、设计者以及实施者都难以基于这些二维图像直观地对整个水利工程的落地进行有效的管控。

一般水利工程都是位于较为恶劣的地理环境中，而水利工程与数据可视化技术结合后，工程师可以对工程范围内的各种地理因素进行三维可视化分析。例如，对于工程范围内的地形、地质，地表上的植被覆盖，河流中的泥沙沉积情况等均可以通过数据可视化技术进行立体呈现。

数据可视化的应用，不但可以使水利工程在评估和实施过程中更加精准、安全、可靠和高效，还能提高工程的效益，减轻工程的负担，节省工程的整体成本。

2. 数据可视化在电力工程中的应用

数据可视化的应用对于电力工程的规划和实施有着十分重要的意义。电力工程的实施对安全要求十分高，因此，在规划电力工程之前必须对周边环境进行全面、精确的调研。数据可视化技术应用于电力工程项目，可以从三维空间的角度呈现电力工程周边环境的人口分布情况，建筑物的分布情况，商业区、行政区和住宅区的分布情况。

可视化技术在电力工程的运维和管理上也能起到不可取代的作用。电网输电系统中庞大的杆塔数量、线路的复杂程度、设备的分布情况都会对电网工程的运维和管理带来困难。结合可视化技术，运维和管理人员可以直观地查看杆塔的分布情况，更加方便地查询电力设备，更加高效地进行电网线路的巡检及维护工作。

11.3.3 可视化在互联网的应用

随着互联网技术的发展，各行各业都或多或少地应用了互联网技术。因此，近年来互联网数据量增加的速度十分惊人。企业往往会通过对大量数据的处理分析来为业务的发展方向进行决策，可视化技术在其中起到十分重要的作用。

1. 电子商务与可视化

在"互联网+电子商务"的时代，不仅仅是通过电商平台被动地让消费者进行商品选择，更重要地是了解用户的消费习惯和生活方式，主动地向消费者进行精准营销。

通过可视化技术对海量的用户数据进行分析，可以准确定位用户的消费需求。例如，消费者在浏览器上通过电商平台搜索并购买移动硬盘，这些记录经过统计分析后由可视化工具展现出来，电商平台可以知道不同品牌、不同价位的移动硬盘的市场情况以及不同用户在产品选择上的偏好，从而调整对不同产品的投入比例，并对用户做更精准的推送，促进消费行为。

2. 社交网络与可视化

移动互联网的发展加快了社交网络的发展进程，微博、微信和 Facebook 等国内外社交平台已经成为人们生活中不可或缺的一部分。人与人之间通过网络交互是社交网络的运作核心。可视化技术可以将社交网络中人与人之间的关键因素——亲属关系、同事关系、地理位置、兴趣爱好、关注、点赞、转发等进行直观的展示，从而构建用户体验效果更好的社交网络平台。

3. 共享经济与可视化

近年来，共享单车、共享汽车甚至共享充电宝等共享经济行业兴起迅猛，人们的生活方式在短短两三年时间内发生重大改变。共享经济相关行业的数据量十分庞大，其中包括共享资源的地理位置、行程路线、用户使用情况、资源的回收与投放，等等。通过结合数据可视化技术可以让决策者从三维可视化的角度直观地对数据进行分析。数据可视化技术已经成为推动共享经济行业快速发展的一大助力。

11.4 本章总结

数据可视化是指将大型数据集中有价值的信息以图形图像形式表示，向用户简洁高效地传达信息的过程。通过数据可视化技术高效地传递数据中的信息需要通过以下步骤：明确问题或目标、明确受众、研究数据、定义信息指标、选择合适的图表类型、评估数据可视化效果。

同时，我们为大家介绍了常见的的数据可视化工具 Excel、R 语言、Tableau 和 QlikView，最后介绍了数据可视化在医学、工程和互联网三个领域中的应用。

练习题

简答题
1. 简述数据可视化的概念。
2. 简述数据可视化的步骤。
3. 介绍数据可视化在互联网企业的应用场景（2~3个）。

第12章
大数据行业应用

第12章
大数据行业应用

12.1 大数据在金融行业的应用

12.2 大数据在电信行业的应用

12.3 大数据在公安系统的应用

12.4 大数据在互联网行业的应用

12.5 本章总结

练习题

通过对本书前面章节的学习,我们已经掌握了大数据的相关概念,大数据的数据处理过程及相关组件的使用方法,并对大数据项目过程有了一定程度的认识。大数据的应用已经十分广泛,那么其具体在哪些行业中得到过成功的应用呢?

第 12 章主要介绍大数据在金融、电信、公安、互联网等行业的应用方案,让读者了解大数据的真实应用场景。

- 了解大数据在金融行业中的应用。
- 了解大数据在电信行业中的应用。
- 了解大数据在公安系统中的应用。
- 了解大数据在互联网行业中的应用。

12.1 大数据在金融行业的应用

传统金融机构如银行或交易所,承担储蓄存款,作为与借款人之间的桥梁,其业务流程如图 12-1 所示。基于其实体构建起来的业务具有如下特点:固定时间地点获取服务、被动接收数据、被动接收传播、标准化和产业化提供服务、关注过程和步骤、被动接收信息且信息来源单一、通过客户经理联系客户、固定渠道单一交互等。

在移动互联的全新时代,新金融机构通过实现移动化、个性化、社交化和实时化来满足客户希望随时随地获得服务的需求,其业务场景如图 12-2 所示。

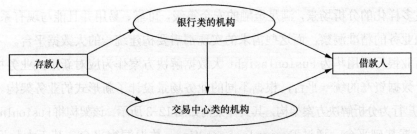

图 12-1 传统金融机构业务资金流向

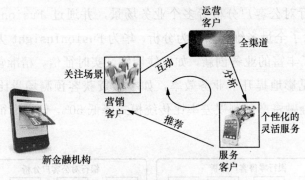

图 12-2 新金融机构业务场景

新金融机构业务与传统金融机构业务在核心业务技术上的差别主要体现在以下几个方面。

- 以电子货币支付技术来满足高效快捷的支付流程。
- 以大数据处理技术来满足复杂业务交互的实时化。
- 以大数据挖掘技术来满足金融资源的优化配置。

下面以某商业银行为例,分析华为 FusionInsight 大数据解决方案为其带来的业务价值。

某银行是一家企业创办的股份制商业银行,随着时代的发展,在新的金融环境下该银行面临如下挑战:银行业务竞争激烈,急需以金融数据的分析、挖掘为基础的产品预测,创新和风险评估,提升自身竞争力。面对金融数据量和数据种类的不断增加,传统数据仓库仅适合结构化数据处理,扩展性差、扩容成本高,无法满足目前的业务要求。

因此该银行需要在业务竞争和数据架构两个方面分别作出分析调整。

业务竞争方面:要在激烈的银行业务竞争中获得优势,该银行必须构建面向移动化、个性化、社交化、实时化的金融业务场景系统,通过移动互联网的互动来了解用户的真实需求,定制精准推荐和个性化服务。

数据架构方面:该银行需要改变传统数据仓库离线延时分析的现状,构建离线加实时跨域融合、实时交互的数据平台。传统金融机构终端 POS 刷卡机数据、ATM 存款机数据、柜面业务数据、电话银行数据,网上银行数据等都是通过单次事务性交易核心系统获取并汇总历史明细;而移动互联网下金融业务更需要批量传输和实时传输一体化的引擎来满足多样化的分析场景，满足金融的安全等级，可靠、易用并且能与现有系统对接，实现金融业务的精准洞察，而这些需求的实现都需要构建统一的大数据平台。

该商业银行采用华为 FusionInsight 大数据解决方案作为应对新形式业务挑战的利器，基于数据资产的统一平台，根据不同的业务场景设计了新形式的业务架构。例如全量多维客户行为分析解决方案架构，其具体架构如图 12-3 所示。该架构将 FusionInsight HD 作为大数据基础平台，通过 FusionInsight Miner 数据洞察平台，基于大数据全量建模分析，可挖掘 14000 个维度的客户特征，实现多维客户行为并发分析，包括银行零售客户分析和银行对公客户分析等多个业务场景，并通过 FusionInsight Manager 进行统一管理。除了全量多维客户行为分析，华为 FusionInsight 大数据解决方案还帮助该银行实现了丰富的业务创新，如在线明细、实时征信、精准营销等。该方案还帮助该银行立竿见影地提升了业务效率，如小微贷获客预测场景比传统方式提高了 40 倍的转化率，金融资产预测误差率比传统模式降低 50%，信用卡征信时间由 2 周缩短到 2～5 秒等。

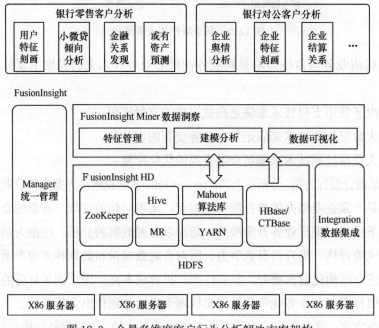

图 12-3 全量多维度客户行为分析解决方案架构

12.2 大数据在电信行业的应用

从电信发展历程看，运营商数字化转型是价值链从封闭垄断到开放平等过程中的一次被迫重构。数字经济时代到来后，运营商必须从商业架构、企业架构、网络架构方面进行彻底的重构，重新定位自己，看清自己的核心能力，以开放合作的心态与 OTT（通过互联网向用户提供各种应用服务）共建价值链，才能在这次浪潮中获得成功。

电信运营商数据处理面临的挑战，主要体现在以下几个方面。

- 海量数据：用户每日上网 http 会话单达几十亿条，并随着移动互联网的发展迅速增长，传统数据仓库无法支撑，扩容成本高。
- 现有架构扩展难度大：各业务应用缺乏统一管理，变更操作复杂、灵活性差。
- 使用传统关系型数据库：无法保存业务过程中产生的大量半结构化和非结构化数据。

下面以某移动公司为例，简单分析华为 FusionInsight 大数据解决方案为其带来的业务价值。

某移动公司原经分系统架构，如图 12-4 所示，是传统的数据仓库架构，分为数据源层、数据处理与存储层及数据应用层。硬件环境主数据仓库基于小型机搭建，流量经营平台基于 X86 服务器建设，硬件环境不统一。业务上数据仓库使用 DB2 数据库，只能存储结构化的标准数据，无法有效实时存储社交音视频数据，并且存在多库多业务交叉使用的现象，很难保证数据的质量和有效治理。

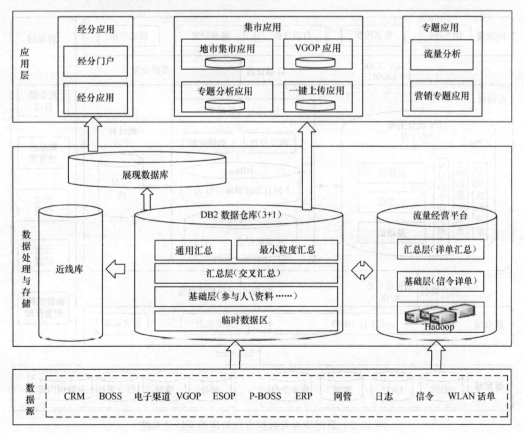

图 12-4 某移动公司原经分架构

总体上归纳下来该架构存在以下明显不足亟需解决。

- 架构不能匹配业务发展，移动业务进入"大数据、微营销时代"，现有系统还是以传统架构建设，难以支撑业务发展。
- 需求响应效率低、数据与应用耦合度高、模型设计灵活性不足。
- 缺少融合业务支撑能力。缺少对 O 域（operation support system 的数据域）、M 域（management support system 的数据域）数据的整合与理解，分析支撑局限于 B 域（business support system 的数据域）范围，难以支撑移动互联网、流量经营的跨域、端到端分析需求。B 域有用户数据和业务数据，比如用户的消费习惯、终端信息、ARPU 的分组、业务内容、业务受众人群等。O 域有网络数据，比如信令、告警、故障、网络资源等。M 域有位置信息，比如人群流动轨迹、地图信息等。
- 数据管理和开放能力不足，除经分系统外，按照专题、应用模式独立建设了大量应用子系统，缺少统一的管理和开放能力，创新应用引入困难。

该移动公司最终采用华为 FusionInsight 大数据解决方案来建设新的经分系统架构，如图 12-5 所示。

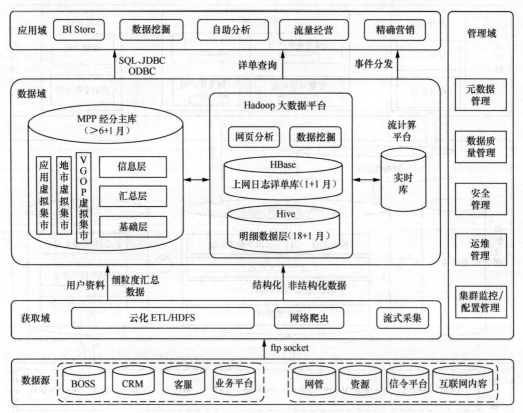

图 12-5 采用华为大数据方案构建的新经分系统

新的经分系统采用"Hadoop+MPP"混搭架构实现对 B\M\O 域数据的全面接入、融合处理及统一建模,并引入爬虫、流计算等技术实现对互联网数据的处理和实时业务支撑。新经分系统把原来经分系统的数据架构三层设计重构为五层数据架构设计,包括数据源层、数据获取域、数据域、数据应用域,在这四层数据域上贯穿数据管理域来对数据质量及安全运维监控进行统一管理。

数据源层包括 BOSS 系统、CRM 系统、客服系统、业务平台系统、网管、资源、信令平台数据和互联网平台数据,主要覆盖现有各业务系统的数据。获取域主要负责数据的采集,会根据数据源业务系统的数据特征选择离线或实时、使用云化 ETL(抽取转换加载)工具、流式采集工具、爬虫工具来进行。

数据域是整个数据资产的管理平台,主要进行数据资产统一维度的形成和对外数据服务指标的产生,主要利用 MPP 的经分主库与 Hadoop 系统的无缝衔接来实现离线实时数据的同步,保证数据一致性。同时其借助流式处理框架共同提供大数据平台统一的对外高并发实时数据服务能力。

应用域主要实现各业务主题对大数据平台数据的业务应用消费,包括业务核心指标报表查询钻取和自助查询、数据挖掘和自助分析、流量运营分析,精准营销规则设计及 CRM(客户关系管理系统)系统调用。

该移动公司通过此项目的建设,实现如下 6 个方面的改进和提升。

- 提升平台能力。与原系统相比,新经分系统实现了对数据的分布式计算存储,提升了对非结构化数据的支持以及对海量数据处理的能力,实现了对实时数据的分析处理。使得接入数据规模每日达到 7TB,数据存储量超过 3PB。平台可满足 2000 经分用户日常访问需求以及 20000 一线用户营销需求。
- 提升数据资产管理能力。通过新经分系统管理域对主数据元数据数据质量和数据安全的统一管理,数据资产管理能力得到显著提升。
- 提升日常工作效率。解决方案中基于运营商数据资产全视图提供自助分析服务,实现市场部门用户提取数据时长从周到小时的转变。
- 提升业务能力。通过对用户的标签构建,并结合客户生物钟模型和客户的生命周期模型对用户关键时刻事件实时把握,做到一客一时一策的千人千面效果,有效地支撑"大数据、超细分、微营销、精服务"落地。
- 提升开放能力。基于统一数据平台的构建和数据质量、安全的统一管理,使平台的开发能力大大增强,可更好地同相关系统共享数据价值。
- 降低后续建设成本。基于统一的运维监控配置管理和大数据平台的平滑扩展架构,后续建设成本大大降低,硬件资源按需扩展。

12.3　大数据在公安系统的应用

随着人们社会活动方式的多样化，社交数据越来越多，公安系统多年运行积累下来的警务数据及其相关的社会参照数据，如卡口、视频、犯罪人员、社会比对等数据量正在急速增长，公安行业对数据的管理与应用需求已经超越了对传统的历史数据备份的需求。通过对公安系统的业务应用需求梳理、理解和确认，我们发现公安系统大数据业务价值点有如下几个方面。

- 警员办公：该部分主要包括文件流转监控、电子卷宗检索、业务流程跟踪、警员工作统计、举报信息甄别、监控视频检索等。
- 交警业务：该部分包括套牌车分析、车辆轨迹分析、道路发现更新、昼伏夜出车辆发现、异地车辆发现、卡口图像分析、卡口视频分析等。
- 案件侦破：该部分是公安系统的重点，包括案件统计、犯案规律挖掘、犯案手段挖掘、通话记录统计、嫌犯布控、社团监控、线索甄别、案件碰撞、重点人群监控等。
- 情报分析：该部分包括同行分析、同住宿分析、同上网分析、互联网舆情监控、财产分析、用水用电分析、重大事件安保、突发事件防控等。也是公安系统传统技术无法解决的重点难点。

公安系统根据业务需求点，使用华为的大数据平台解决方案，构建公安业务数据离线和实时兼备的交互式分析应用架构。新的应用架构通过华为大数据平台 FusionInsight Manager 来实现系统管理、安全管理及服务治理的一体化管理。该应用架构通过 Hadoop 平台实现分散在各公安系统的数据统一高效的存储分析管理。通过对不同公安业务数据日志、视频、图像及数据库数据有效规则的关联，满足公安系统业务的情报分析、案件侦破、交警业务、警员办公业务等需求。该应用还通过大数据平台的 FusionInsight Farm 提供端到端的数据洞察来满足公安特定业务场景的高时效需求查询分析。基于 Spark、Storm、Solr 的流式技术、HBase 的列式存储及 FusionInsight LibrA 分布式关系型数据库架构，该应用架构满足了公安系统海量数据快速交互查询的业务需求。

总体来说，华为大数据平台解决方案为公安系统带来的价值点如下。实现了公安系统海量数据快速查询的业务需求：通过该方案实现了亿级数据查询中的秒级响应，尤其在公安系统中快速定位套牌车黑牌车方面起到了显著效果。实现了公安系统海量数据的统一管理，确保了数据的质量管理和生命周期管理，使公安数据资源有效支撑了公安各模块的业务。实现了运维成本的大大降低，使得整体硬件成本相对传统架构成本降低了50%。同时，系统的扩展性能大大增强。

12.4　大数据在互联网行业的应用

在移动互联网、物联网迅速发展的今天，互联网行业的重心在于用户运营、产品运营和市场运营，而互联网典型的海量用户及海量数据的现状决定了其必须依靠大数据平台的数据处理和挖掘分析，才能高效地满足实际互联网业务需求，利用数据化运营来降低成本、提高效率。

互联网行业的特性决定了互联网的业务就是大数据业务，因为互联网的连接属性、互动属性和网络效应必然催生海量数据，而海量数据下的互联网业务必须依靠大数据技术来实现其价值。

互联网的典型数据有业务数据（用户管理、交易、产品等）和非业务数据（运维日志、对内服务系统数据等）、行为数据（用户点击、停留、跳转等）和外部数据（业务相关渠道或广告平台等第三方数据）。在这样的数据基础上，互联网业务可以通过数据化运营技术来增加业务价值。而数据化运营技术主要包括对各类型的海量数据采集处理技术及对业务价值实现的挖掘分析技术，而这都需要构建起一套基于互联网业务的大数据平台。

相对于其他行业，互联网行业具有以下特征，可通过大数据技术改进和推动相关业务发展。

- 互联网典型的特点是用户为王和产品为王，通过对用户构建用户画像，系统可精准地了解用户的特性和产品的人群定位，分析价格模型和渠道。这就需要基于大数据平台构建用户分析系统来支撑互联网的业务价值实现。大数据平台一般通过 Sqoop 采集、Hive 构建来形成用户产品基础模型，借助 Spark 机器学习来实现用户产品价值挖掘。
- 互联网有很强的网络协同效应和口碑效应，基于大数据平台的营销推广和推荐系统的构建可以大大加快互联网业务的增长。一般通过大数据平台的流式采集工具（Flume、Kafka、Spark Streaming），加上 Hive 模型构建和 HBase 高效查询来实现推荐系统的高并发实时业务。

互联网行业大数据应用带来的价值主要有：互联网行业大数据应用可以降低用户运营成本，提高基于用户生命周期的精细化运营质量；互联网行业大数据应用可以进行产品改善和渠道市场效果评估改善，更好地实现业务价值；互联网行业大数据应用可以有效加强风险控制，降低互联网业务潜在的风险损失。

12.5　本章总结

第 12 章介绍了大数据在金融行业、电信行业、公安系统以及互联网行业的应用，并简单介绍了一些成功的案例。除了书中介绍的内容，大数据在医疗、制造业、能源、政府公共事业、媒体、零售等领域也已经得到了广泛的应用。不得不说，大数据已经深深地触及当今社会的每个角落，并实实在在地改变着人们的生活方式乃至这个世界。

练习题

简答题
1. 简述华为大数据方案为某金融机构带来的价值。
2. 简述华为大数据方案为某移动公司带来的价值。

术语表

第1章 大数据概述

FusionInsight：华为面向企业客户推出的，基于Apache开源社区软件进行功能增强的企业级大数据存储、查询和分析的统一平台。其以海量数据处理引擎和实时数据处理引擎为核心，针对金融、运营商等数据密集型行业的运行维护、应用开发等需求，打造了敏捷、智慧、可信的平台软件、建模中间件及OM系统，让企业可以更快、更准、更稳地从海量繁杂无序的数据中发现全新价值点和企业商机。

FusionInsight HD：其是FusionInsight的子产品，企业级的大数据处理环境，是一个分布式数据处理系统，对外提供大容量的数据存储、分析查询和实时流式数据处理分析。

Hadoop：Apache基金会开发的分布式计算平台，被公认为行业的大数据标准开源软件，具有在大规模计算机集群中提供海量数据的处理能力。

HBase（Hadoop Database）：Hadoop数据库，基于谷歌Bigtable开发的开源分布式数据库，具有高可靠、高性能、面向列、可伸缩等特点。HBase一般在HDFS上运行，主要用来存储非结构化和半结构化数据。

HDFS（Hadoop Distributed File System）：Hadoop分布式文件系统，Hadoop的核心组件，是基于Google发布的GFS论文设计开发，运行于通用X86服务器之上的分布式文件系统，具有高容错、高吞吐、大文件存储等特点。

MapReduce：其是一种编程模型，可以把一个复杂的问题分解成处理子集的子问题，并将操作分为"Map"和"Reduce"两个过程。"Map"是对子问题分别进行处理，得出中间结果，"Reduce"是把子问题处理后的中间结果进行汇总处理，得出最终结果。

Storm：Storm 是一个分布式的、可靠的、可容错的流计算框架。

大数据：超出了典型数据库软件的采集、存储、管理和分析等能力的数据集。

数据采集：利用多种工具从客户端（计算机、手机端或者传感器）获取数据的过程。

数据抽取：将数据转化为单一的或者便于处理的数据结构的过程。

数据分析：根据分析目的，用适当的统计分析方法对收集来的数据进行处理与分析，提取有价值的信息的过程。

数据可视化：将大型数据集中的数据以图形图像形式表示，向用户清楚有效地传达信息的过程。

数据清洗：发现并纠正数据文件中可识别的错误的最后一道程序，可以将数据集中的残缺数据、错误数据和重复数据筛选出来并丢弃。

数据挖掘：通过统计学、人工智能、机器学习等方法，从大量的数据中，挖掘出未知的且有价值的信息和知识的过程。

预处理和导入：对采集到的数据进行抽取和清洗，并导入统一的数据存储系统中的过程。

第 2 章　Hadoop 大数据处理平台

DAG (Directed Acyclic Graph)：有向无环图。

FusionInsight Farmer：其是 FusionInsight 的子产品，企业级的大数据应用容器，为企业业务提供统一开发、运行和管理的平台。

FusionInsight Manager：其是 FusionInsight 的子产品，企业级大数据的操作运维系统，具有高可靠、安全、容错、易用的集群管理能力，支持大规模集群的安装部署、监控、告警、用户管理、权限管理、审计、服务管理、健康检查、问题定位、升级和补丁等功能。

FusionInsight Miner：其是 FusionInsight 的子产品，企业级的数据分析平台，基于华为 FusionInsight HD 的分布式存储和并行计算技术，从海量数据中挖掘出价值信息的平台。

FusionInsight LibrA：其是 FusionInsight 的子产品，企业级的大规模并行处理关系型数据库。FusionInsight LibrA 采用 MPP（Massive Parallel Processing）架构，支持行存储和列存储，具有 PB（Petabyte，2^{50} 字节）级数据量的处理能力。

Hive：基于 Hadoop 的数据仓库工具，可以将结构化的数据文件映射为数据库表，并具有类 SQL 查询功能。

Hive Server：Hive 中的角色，作为 JDBC 和 ODBC 的服务端，提供 Thrift 接口，可以将 Hive 和其他应用程序集成起来。Hive Server 基于 Thrift 软件开发，又被称为 Thrift Server。

Impala：Cloudera 公司主导开发的新型查询系统，它提供 SQL 语义，能查询存储在 Hadoop 的 HDFS 和 HBase 中的 PB 级大数据。

Kafka：一种高吞吐量的分布式发布—订阅消息系统。它最初由 LinkedIn 公司开发，之后成为 Apache 项目的一部分。

Kerberos：安全认证的概念，该系统基于共享密钥对称加密，通过密钥系统为客户机/服务器应用程序提供认证服务。

LDAP（Lightweight Directory Access Protocol）：轻量目录访问协议，提供被称为目录服务的信息服务，特别是基于 X.500（构成全球分布式的目录服务系统的协议）的目录服务。LDAP 为应用程序提供访问、认证和授权的集中管理。

NameNode：HDFS 的管理主机节点，负责管理和维护 HDFS 集群的命名空间以及元数据信息并管理集群中的数据节点。

Oozie：其是一种 Java Web 应用程序，是用于管理 Apache Hadoop 作业的工作流调度系统。

Solr：其是基于 Apache Lucene（Apache 基金会的全文搜索引擎项目）的企业搜索平台。Solr 基于标准的开放式接口（XML、JSON 和 HTTP），具有强大的搜索匹配功能。

Sqoop：Sqoop 是在 Apache Hadoop 和结构化数据存储（如关系型数据库和大型主机）之间高效传输批量数据的工具。

YARN（Yet Another Resource Negotiator）：另一种资源协调者，是 Hadoop2.0 中的资源管理调度系统，它是一个通用的资源管理模块，可以为上层应用提供统一的资源管理和调度。

ZooKeeper：其是 Hadoop 的子项目，一个分布式协调服务，可以为分布式应用程序提供配置维护、域名服务、分布式同步等服务，从而减轻分布式应用程序所承担的协调任务。

分布式文件系统：可以将文件划分为若干部分分别存储在网络中的不同计算机中并对其进行管理的文件系统。

第 3 章　大数据存储技术（HDFS）

Active-Standby NameNode：即活动—备用 NameNode，HDFS 的高可用架构。当活动 NameNode 发生故障无法提供服务时，备用 NameNode 可以及时地接管其任务并为客户端提供服务。

DataNode：HDFS 的数据节点，其根据系统的需要存储并检索数据块，并定期向 NameNode 发送所存储的块的列表。

EditLog：其是 NameNode 中的文件，当对文件系统数据进行修改（包括文件的创建、删除、重命名）时，会添加相应的操作记录到 EditLog 中。

FSImage：其是 NameNode 中的文件，用于保存整个系统的命名空间，包括数据块到文件的映射和文件的属性等。

Secondary NameNode：辅助 NameNode，主要用于定期合并 FSImage 和 EditLog。

ZKFC（ZooKeeper Failover Controller）：故障转移控制器，用来管理活动 NameNode 和备用 NameNode 的转换过程。

Block：块，HDFS 中进行读/写操作的最小单位，块是实现分布式存储的重要特性，默认为 128MB（HDFS2.0 及以上版本）。

第 4 章　大数据离线计算框架（MapReduce & YARN）

ApplicationManager：应用程序管理器。负责管理整个系统中的所有应用程序，包括应用程序提交、与调度器协商运行 ApplicationMaster 的资源、启动并监控 ApplicationMaster 运行状态。

ApplicationMaster：其是 YARN 中的角色，负责应用程序的管理工作，包括和 ResourceManager 协商获取应用程序所需资源以及与 NodeManager 协作一起执行和监控任务。

Container：其是 YARN 中的资源抽象，封装了某个节点上一定量的多维度资源，如内存、CPU 等。

NodeManager：其是 YARN 中计算节点上的代理，负责节点上的 Container 的生命周期管理。NodeManager 监控其资源使用情况并将其报告给 ResourceManager，同时处理来自 ApplicationMaster 的请求。

ResourceManager：其是 YARN 中的角色，负责集群资源的统一管理，主要包括资源调度与应用程序管理。

ResourceScheduler：调度器，ResourceManager 的主要组件之一，负责根据容量、队列等限制条件，分配资源给应用程序。

第 5 章　大数据数据库（HBase）

ACID：数据库事务正常执行的 4 个特性，分别指原子性（Atomicity）、一致性

(Consistency)、独立性（Isolation）及持久性（Durability）。

Cell：Cell 是 HBase 中的单元格，一个单元格保存了一个值的多个版本，单元格通过行键、列族和列限定符进行定位，每个版本对应一个时间戳。

Column Qualifier：列限定符，在列族中添加不同的列限定符可以对数据进行划分定位，列限定符以列族名作为前缀，用"："连接后缀。

Column Family：列族，一个表在水平方向上由一个或多个列族组成。一个列族可以由任意多个列组成，需要在表创建时就预先设定好列族。

Compaction：其是 HBase 中的操作，用于合并同一个 Region 同一个列族下面的小文件，从而提升读取的性能。

HFile：其定义了 StoreFile 在文件系统中的存储格式，是当前 HBase 系统中 StoreFile 的具体实现。

HLog：其是 HBase 中的预写式日志（Write Ahead Log），用户更新数据时需要先写入 HLog 再写入 MemStore，MemStore 中的数据被刷新到 StoreFile 之后才会在 HLog 中清除对应的记录。

HMaster：其是 HBase 的主节点，主要负责 HRegionServer 的管理以及元数据的更改。

HRegionServer：其是 HBase 的从节点，负责提供表数据读写等服务，是数据存储和计算单元。

MemStore：其是 Store 中的缓存文件，MemStore 缓存客户端向 Region 插入的数据，当 HRegionServer 中的 MemStore 大小达到配置的容量上限时，RegionServer 会将 MemStore 中的数据刷新（Flush）到 HDFS 中。

RDBMS (Relational Database Management System)：关系型数据库，常见的关系型数据库有 Oracle、DB2、PostgreSQL、Microsoft SQL Server、MySQL 等。

Region：一个 HBase 集群中维护着多张表，每张表可能包含非常多的行以致在单台机器上无法全部存储，HBase 会将一张数据表按行键的值范围横向划分为多个子表，实现分布式存储，这些子表在 HBase 中被称作 Region。

Row：行，HBase 中的行由行键（RowKey）和若干列组成。行是通过行键按字典顺序进行排序的，因此行键的设计非常重要，好的行键设计可以将内容相关的行排列到相邻位置，方便查找和读取。

Store：一个 Region 由一个或多个 Store 组成。每个 Store 存储该 Region 一个列族的数据。

StoreFile：其表示 Store 中的存储文件。

Table：表，HBase 采取表的形式存储数据，表由行和列组成。

TimeStamp：时间戳，HBase 每个值都会带一个时间戳，时间戳标识了这个值的版本。

第 6 章　大数据数据仓库（Hive）

Bucket：桶，Hive 可将表或分区进一步组织成桶，桶是比分区粒度更细的数据划分方式。每个桶是一个文件，用户可指定划分桶的个数。

Driver（Hive）：其是 Hive 中的角色，用于接收客户端发来的请求，管理 HiveQL 命令执行的生命周期，并贯穿 Hive 任务整个执行期间。Driver 中有编译器（Compiler）、优化器（Optimizer）、执行器（Executor）三个角色。Compiler 编译 HiveQL 并将其转化为一系列相互依赖的 Map/Reduce 任务。Optimizer 分为逻辑优化器和物理优化器，分别对 HiveQL 生成的执行计划和 MapReduce 任务进行优化。Executor 按照任务的依赖关系分别执行 Map/Reduce 任务。

ETL：将数据从数据源经过抽取（Extract）、转换（Transform）、加载（Load），存储至目标存储的过程。

HCatalog：其是 Hive 的组件，用于 Hadoop 的表和元数据管理，使用户可以使用不同的数据处理工具来更轻松地读取和写入元数据。

HiveQL：其又被称为 Hive SQL，Hive 中所使用的类 SQL 查询语言。

HPL/SQL 程序语言：其是一种混合异构的语言，可以理解几乎任何现有的过程性 SQL 语言（如 Oracle PL/SQL、Transact-SQL）的语法和语义。

JDBC（Java DataBase Connectivity）：Java 数据库连接。

MetaStore：其是 Hive 中的角色存储 Hive 的元数据，提供 Thrift 界面供用户查询和管理元数据。

ODBC（Open Database Connectivity）：开放数据库连接。

OLAP（On-Line Analytical Processing）：联机分析处理。

OLTP（On-Line Transaction Processing）：联机事务处理。

Partition：分区，当表数据量较大时，Hive 通过列值（如日期、地区等）对表进行分区处理（Partition），便于局部数据的查询操作。每个分区是一个目录，将同类型的数据放在同个目录下，可提高查询效率。

Thrift：Apache 的一种软件框架，用于可扩展的跨语言服务开发。

WebHCat：其是 Hive 的组件，是 HCatalog 的 REST（Representational State Transfer，表现状态传输）接口，可以使用户能够通过安全的 HTTPS 协议执行操作。

托管表：其是 Hive 中表的类型，托管表由 Hive 来管理数据，意味着 Hive 会将数据移动到数据仓库的目录。

外部表：其是 Hive 中表的类型，在外部表中，Hive 仅记录数据所在路径，不将其移动到数据仓库目录。

第 7 章 大数据数据转换（Sqoop 与 Loader）

Loader：其基于开源 Sqoop 研发，并在 Sqoop 的基础上做了大量优化和扩展，是实现 FusionInsight HD 与关系型数据库、文件系统之间交换数据和文件的数据加载工具。

第 8 章 大数据日志处理（Flume）

Channel：其是 Flume Agent 中的模块，位于 Source 和 Sink 之间，Channel 的作用类似队列，用于临时缓存 Agent 中的 Event。

Event：其是 Flume 传输数据的基本单位，Event 代表着一个数据流的最小完整单元，从外部数据源来，流向最终目的存储。

Flume：其是 Hadoop 平台中一个分布式、高可靠和高可用的海量日志聚合系统，支持从多种数据源收集数据，在对数据进行简单处理后，将数据写到数据接受方（可定制）。

Flume Agent：其是 Flume 的代理，用于传输日志数据。

Sink：其是 Flume Agent 中的模块，负责将 Event 传输到下一跳或最终目的存储，Event 写成功后，会从 Channel 中移除。

Source：其是 Flume Agent 中的模块，负责接收 Event 或通过特殊机制产生 Event，并将 Event 批量放到一个或多个 Channel，Source 分为驱动型和轮询型两种。

扇出流（fan-out）：在 Flume 中，扇出流即 Sink 可以将 Event 分流输出到多个目的地。

扇入流（fan-in）：在 Flume 中，扇入流即 Source 可以接受多个输入。

第 9 章 大数据实时计算框架（Spark）

Action：RDD 的行动操作包括 count、collect、save 等，接受 RDD 作为输入，输出为一个值或结果，用于执行计算并指定输出的形式。

BDAS（Berkeley Data Analytics Stack）：其是加州大学伯克利分校的 AMP 实验室打造的以 Spark 技术为核心的伯克利数据分析栈。

Cluster Manager：其是 Spark 的集群资源管理器，负责接受驱动器节点的资源申请，将工作节点的资源分配给 Spark 应用。

Driver (Spark)：其是 Spark 的驱动器节点，负责将用户程序转换为任务 (Task)，并为执行器工作节点分配任务。

Executor (Spark)：其是 Spark 工作节点上的一个进程，负责具体任务的执行。

Narrow Dependencies：窄依赖，当一个父 RDD 的每一个分区最多被一个子 RDD 的分区所用时，这种依赖关系被称为窄依赖关系。

RDD (Resilient Distributed Datasets)：其是一个只读的、可分区的弹性分布式数据集。

Scala 语言：Scala 是一门多范式编程语言，志在以简练、优雅及类型安全的方式来表达常用编程模式。其平滑地集成了面向对象和函数式语言的特性。

Spark Core：Spark 的核心组件，实现了 Spark 的基本功能，如存储管理、任务调度、内存计算、故障恢复等。

Spark SQL：其是 Spark 的组件，用来操作结构化和半结构化数据。

Spark Streaming：其是 Spark 的组件，可用于处理流式数据，其对实时流式数据的处理具有可扩展性、高吞吐量、可容错性等特点。

SparkContext：其由驱动器节点 Driver 创建，负责管理 Spark 应用，与集群资源管理器和工作节点进行交互。

Stage：Spark 会将一个工作划分为若干个 Stage，Stage 划分的依据是各个 RDD 的依赖关系。

Transformation：其为 RDD 的转换操作，包括 map、filter、groupby、join 等，接受 RDD 作为输入且输出结果也为 RDD。

Wide Dependencies：宽依赖，当一个父 RDD 的每个分区被多个子 RDD 的分区所引用时，这种依赖关系被称为宽依赖关系。

Worker：Topology 运行态的物理进程。每个 Worker 是一个 JVM 进程，每个 Topology 可以由多个 Worker 并行执行，每个 Worker 运行 Topology 中的一个逻辑子集。

Worker Node：其是 Spark 中负责运行作业的工作节点。

父 RDD、子 RDD：转换操作之后，新创建的 RDD 和原来的 RDD 之间存在依赖关系，原来的 RDD 称为父 RDD，新生成的 RDD 称为子 RDD。

第 10 章　大数据流计算

Bolt：其是 Topology 中接受数据并执行具体处理逻辑（如过滤、统计、转换、合并、结果持久化等)的组件。

Executor (Storm):一个单独的 Worker 进程中会运行一个或多个 Executor 线程。每个 Executor 只能运行 Spout 或者 Bolt 中的一个或多个 Task 实例。

Nimbus:其是 Streaming 中的角色,负责接收客户端提交任务,并在集群中分发任务给 Supervisor,同时监听心跳状态等。

Samza:Samza 是一个分布式流处理框架,使用 Kafka 进行消息传递,使用 YARN 提供容错、处理器隔离、安全性和资源管理。

Spout:Topology 中产生源数据的组件,是 Tuple 的来源,通常可以从外部数据源(如消息队列、数据库、文件系统、TCP 连接等)读取数据,然后转换为 Topology 内部的数据结构 Tuple,由下一级组件处理。

Stream:其是 Storm 的关键抽象,是一个无边界的连续 Tuple 序列。

Stream Groupings:其是 Storm 中的 Tuple 分发策略,即后一级 Bolt 以什么分发方式来接收数据。

StreamCQL (Continuous Query Language):其为 Streaming 中的持续查询语言。

Streaming:其为 FusionInsight 中基于开源 Apache Storm 开发的一个分布式的、可靠的、容错的数据流处理系统。

Supervisor:其为 Streaming 中的进程,负责监听并接受 Nimbus 分配的任务,根据需要启动和停止属于自己管理的 Worker 进程。

Task (Streaming):Worker 中每一个 Spout/Bolt 的线程称为一个 Task。Task 是 Executor 线程需要计算处理的逻辑对象,比如求和,求平局值等。

Topology:其是 Storm 平台上运行的一个实时应用程序,由 Spout 和 Bolt 组件(Component)组成的一个 DAG (Directed Acyclic Graph)。一个 Topology 可以并发地运行在多台机器上,每台机器上可以运行该 DAG 中的一部分。Topology 与 Hadoop 中的 MapReduce Job 类似,不同的是,它是一个长驻程序,一旦开始就不会停止,除非人工中止。

Tuple:其为 Storm 核心数据结构,是消息传递的基本单元,不可变的 Key-Value 对,这些 Tuple 会以分布式的方式进行创建和处理。

静态数据:静态数据是记录后不变的数据,是一个固定数据集。当用户在查询数据的时候,静态数据已经被生成且不再发生改变。

流计算:流计算是一种由事件触发、持续作用、低延迟的计算方式,其可以很好地对流数据进行实时分析处理,捕捉到可能有用的信息。

流数据:流数据是一组顺序、大量、快速、连续到达的数据序列,可被视为一个随时间延续而无限增长的动态数据集合。

第 11 章　数据可视化

无

第 12 章　大数据行业应用

无

参考文献

[4] 杨旭光,李小海,闫王英. 大数据导论:思维、技术与应用[M]. 北京: 清华大学出版社, 2016.4.

[5] (俄) 普赫纳 (Phacheva, E.) 著, 大数据分析:数据密集型计算与发掘技术[M]. 程国建, 宋学峰, 王霞. 大连海事出版社, 2016.1.

[6] Apache Hadoop Releases. http://hadoop.apache.org/releases.html.

[7] (美) 霍德曼 (E.R.Harman), (美) 徐沉思 (美) · 本福德 (Garstech). 著. 基础架构. 大数据: 实用合理设及 DevOps[M]. 邱能军译. 北京: 人民邮电出版社, 2013.4.

[8] 党杰, 李学龙. 大数据时代的机器: 其影响的关机应及[M]. 北京: 电子工业出版社, 2016.10.

[9] (美) 陈坚·马卡 (Chan Mavro) 著, 陶英娜, 李琳霞·阁(Chance Barroso) 著, 大数据架构商品: 用开发及实时且在线通商使用到系统方法[M]. 马建新, 周敏, 张笑涵译. 北京: 机械工业出版社, 2016.12.

[10] (美) 巴姆·穆那, 穆海峰·茨马德 (Mahmoud Parsian) 著, 数据算法: Hadoop/Spark大数据处理程序[M]. 出苏 等译. 北京: 中国电力出版社, 2016.10.

[11] Hadoop 分布式文件系统. 阿克胡同网址: http://hadoop.apache.org/docs/r1.0.4/.

[1] （美）怀特（White, T.）著. Hadoop 权威指南（第3版）[M]. 华东师范大学数据科学与工程学院译. 北京：清华大学出版社，2015.

[2] 陆嘉恒. Hadoop 实战（第2版）[M]. 北京：机械工业出版社，2012.

[3] 林子雨. 大数据技术原理与应用：概念、存储、处理、分析与应用[M]. 北京：人民邮电出版社，2017.1.

[4] 周英，卓金武，卞月青. 大数据挖掘：系统方法与实例分析[M]. 北京：机械工业出版社，2016.4.

[5] （英）贝森斯（Baesens, B.）著. 大数据分析：数据科学应用场景与实践精髓[M]. 柯晓燕，张纪元译. 北京：人民邮电出版社，2016.1.

[6] Apache Hadoop Releases. http://hadoop.apache.org/releases.html

[7] （美）威廉·H·英蒙（W. H. Inmon），（美）丹尼尔·林斯泰特（Daniel Linstedt）著. 数据架构：大数据、数据仓库以及 Data Vault[M]. 唐富年译. 北京：人民邮电出版社，2017.1.

[8] 朱洁，罗华霖. 大数据架构详解：从数据获取到深度学习[M]. 北京：电子工业出版社，2016.10.

[9] （美）南森·马茨（Nathan Marz），（美）詹姆斯·沃伦（James Warren）著. 大数据系统构建：可扩展实时数据系统构建原理与最佳实践[M]. 马延辉，向磊，魏东琦译. 北京：机械工业出版社，2016.12.

[10] （美）吗哈默德·帕瑞斯安（Mahmoud Parsian）著. 数据算法：Hadoop/Spark 大数据处理技巧[M]. 苏金国等译. 北京：中国电力出版社，2016.10.

[11] Hadoop 分布式文件系统：架构和设计. http://hadoop.apache.org/docs/r1.0.4/

cn/hdfs_design.html

[12] Hadoop 分布式文件系统使用指南. http://hadoop.apache.org/docs/r1.0.4/cn/hdfs_user_guide.html

[13] Apache Hadoop YARN. http://hadoop.apache.org/docs/current/hadoop-yarn/hadoop-yarn-site/YARN.html

[14] Apache HBase Reference Guide. http://hbase.apache.org/book.html#arch.overview

[15] （美）乔治（George, L.）著. HBase 权威指南[M]. 代志远，刘佳，蒋杰译. 北京：人民邮电出版社，2013.10.

[16] Hive Getting Started Guide. https://cwiki.apache.org/confluence/display/Hive/GettingStarted

[17] Hive UserDocumentation. https://cwiki.apache.org/confluence/display/Hive/Home#Home-UserDocumentation

[18] （美）卡普廖洛（Capriolo, E.），（美）万普勒（Wampler, D.），（美）卢森格林（Rutherglen, J.）著. Hive 编程指南[M]. 曹坤译. 北京：人民邮电出版社，2013.12.

[19] Sqoop User Guide. http://sqoop.apache.org/docs/1.4.6/SqoopUserGuide.html

[20] FlumeUserGuide. http://flume.apache.org/FlumeUserGuide.html

[21] FlumeDeveloperGuide. http://flume.apache.org/FlumeDeveloperGuide.html

[22] （美）史瑞德哈伦（Shreedharan, H.）著. Flume：构建高可用、可扩展的海量日志采集系统[M]. 马延辉，史东杰译. 北京：电子工业出版社，2015.8.

[23] Apache Spark Project. http://spark.apache.org/

[24] Spark 2.2.0 Documentation. http://spark.apache.org/docs/latest/

[25] （美）卡劳（Karau, H.）等著. Spark 快速大数据分析[M]. 王道远译. 北京：人民邮电出版社，2015.9.

[26] 王家林等. Spark 零基础实战[M]. 北京：化学工业出版社，2016.10.

[27] Storm 1.1.1 Documentation. http://storm.apache.org/releases/1.1.1/index.html

[28] 丁维龙，赵卓峰，韩燕波. Storm：大数据流式计算及应用实践[M]. 北京：电子工业出版社，2015.3.

[29] 美国 EMC 教育服务团队著. 数据科学与大数据分析：数据的发现、分析、可视化与表示[M]. 曹逾，刘文苗，李枫林译. 北京：人民邮电出版社，2016.7.